커피 좀 아는
바리스타 되기

커피 좀 아는 바리스타 되기

펴낸날 2025년 5월 23일
2쇄 펴낸날 2025년 10월 1일

지은이 김형준, 정하영, 원지예
펴낸이 주계수 | **편집책임** 이슬기 | **꾸민이** 이해린

펴낸곳 밥북 | **출판등록** 제 2014-000085 호
주소 서울시 마포구 양화로 156 LG팰리스빌딩 917호
전화 02-6925-0370 | **팩스** 02-6925-0380
홈페이지 www.bobbook.co.kr | **이메일** bobbook@hanmail.net

김형준 · 정하영 · 원지예

COFFEE BARISTA

커피 좀 아는 바리스타 되기

커피를 '하는 사람'에서
커피를 '읽는 사람'으로

처음 커피를 배울 땐, 커피가 이렇게 복잡한 세계일 줄 몰랐습니다.

그저 맛있으면 되는 줄 알았고, 예쁘게 내리면 그게 전부인 줄 알았죠.

하지만 추출 온도가 1도만 달라져도, 분쇄도가 한 단계만 바뀌어도

커피 한 잔은 전혀 다른 이야기를 들려줍니다.

그때부터 저는 커피를 공부하게 되었고,

느끼는 일보다 이해하는 일이 더 많아졌습니다.

이 책은 그런 과정을 지나고 있는

또 다른 '나'에게 전하고 싶은 이야기입니다.

막 커피를 시작했거나, 이제는 더 알고 싶은 바리스타를 위한

'조금 더 아는' 커피책이 되었으면 합니다.

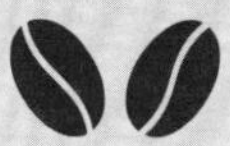

이 책에 담긴 건 전문적인 지식이지만, 어려운 말은 아닙니다.

실제 매장에서 마주했던 문제와 질문들,

혼자 끙끙 앓았던 추출 실패의 원인,

그리고 조금씩 나아졌던 시간들이죠.

한 장 한 장 따라가다 보면

어느 순간, 커피를 '하는 사람'에서

커피를 '읽는 사람'이 되어 있을 거예요.

당신의 커피 여정이 더 풍부하고, 더 맛있기를 바라며

2025년

김형준, 정하영, 원지예

차 례

1장

커피 좀 아는 바리스타의 첫걸음 11

커피 좀 아는 바리스타의 첫걸음

바리스타란 무엇인가?

바리스타란 무엇일까요?

카페에서 커피를 내리고 음료를 준비하는 사람을 우리는 흔히 바리스타라고 부릅니다. 하지만 조금 더 깊이 들어가 보면, 바리스타는 단지 커피를 만들고 서빙하는 역할 이상의 의미가 있습니다.

바리스타(Barista)는 이탈리아어로 '바(Bar)에서 일하는 사람'을 뜻합니다. 바(Bar)는 우리에게 익숙한 술집의 의미뿐 아니라, 이탈리아에서는 에스프레소를 기반으로 한 커피 음료를 제공하는 카페라는 의미를 가지고 있습니다. 시간이 흘러 이 단어는 전 세계적으로 커피를 전문으로 만드는 전문가를 지칭하게 되었죠.

사실 누구나 조금의 훈련을 거치면 커피를 내릴 수는 있습니다. 그러나 바리스타라는 타이틀을 가진다는 건, 단순히 '커피를 내리는 행위' 이상의 전문성과 책임감을 요구합니다. 바리스타는 좋은 커피를 만들기 위해 생두의 원산지, 품종, 가공 방식부터 로스팅 방식, 그라인딩 정도, 추출 온도와 압력까지 전 과정을 세심하게 이해하고 다룰 줄 알아야 합니다.

카페를 찾는 손님들은 단지 커피 한 잔을 마시기 위해 방문하는 것이 아니라, 바리스타가 만든 특별한 커피 한 잔 속에 담긴 이야기를 느끼고 싶어 합니다. 따라서 바리스타는 기술과 지식뿐 아니라 고객과 소통할 수 있는 능력도 갖춰야 합니다. 손님의 취향과 기분을 파악하고, 그에 맞게 커피를 추천하거나 만들어주는 일이 바리스타의 진정한 역할이자 매력이라고 할 수 있죠.

또한, 바리스타는 자신이 만드는 한 잔의 커피에 얼마나 많은 사람의 수고와 열정이 담겨 있는지를 이해해야 합니다. 커피 한 잔에는 멀리 농장에서 정성스럽게 재배하고 수확한 농부의 노고, 정확한 온도와 시간을 고민한 로스터의 기술, 그리고 커피를 전달하는 바리스타의 마지막 손길이 모두 담겨 있습니다. 좋은 바리스타는 커피가 가진 이 긴 여정을 존중하고, 자신의 손끝에서 최상의 결과물을 만들기 위해 늘 노력합니다.

그리고 바리스타라는 직업은 끊임없는 자기계발과 탐구의 연속입니다. 커피의 세계는 생각보다 훨씬 방대하고 다양합니다. 한 가지 원두만으로도 수많은 맛의 변주가 가능하고, 추출 방법에 따라 전혀 다른 맛을 만들어 낼 수 있습니다. 그래서 바리스타는 자신의 지식과 경험을 끊임없이 업데이트하며 성장해 나가는 존재입니다. 단순히 커피를 내리는 사람이 아니라, 커피라는 음료가 가진 무한한 가능성을 찾아내고, 이를 표현하는 사람이 바로 바리스타입니다. 결국 바리스타는 커피를 통해 자신을 표현하고, 커피와 함께 성장하며, 커피를 사랑하는 사람들에게 특별한 경험을 제공하는 사람입니다.

이 책을 펼친 당신도 아마 그런 바리스타가 되기를 꿈꾸고 있을 것입니다. 단지 기술적으로 뛰어난 사람을 넘어, 커피를 이해하고, 커피를 통해 삶의 가치를 느끼는 그런 바리스타 말입니다. 이제 첫걸음을 내딛는 당신에게 이 책이 좋은 동료이자 안내자가 되었으면 좋겠습니다.

Information

바리스타(Barista)는 이탈리아어로 '바(Bar)에서 일하는 사람'을 뜻함.

📍 최근 사용되는 의미의 바리스타

바리스타는 좋은 커피를 만들기 위해 생두의 원산지, 품종, 가공 방식부터 로스팅 방식, 그라인딩 정도, 추출 온도와 압력까지 전 과정을 세심하게 이해하고 다룰 줄 알아야 한다.

📍 직업으로서의 바리스타

단순히 커피를 내리는 사람이 아니라, 커피라는 음료가 가진 무한한 가능성을 찾아내고, 이를 표현하는 사람이 바로 바리스타이다. 결국 바리스타는 커피를 통해 자신을 표현하고, 커피와 함께 성장하며, 커피를 사랑하는 사람들에게 특별한 경험을 제공하는 사람이다.

커피 산업의 흐름과 트렌드

커피 산업은 지난 수십 년간 엄청난 성장을 이루었으며, 여전히 끊임없이 변화하고 있습니다. 바리스타로서 현재의 트렌드를 이해하고 커피 산업의 흐름을 읽는 것은 매우 중요합니다. 소비자의 입맛은 점점 더 세련되고 까다로워지며, 카페 시장의 경쟁 역시 그 어느 때보다 치열해지고 있기 때문이죠.

커피 산업의 가장 큰 흐름 중 하나는 바로 '스페셜티 커피(Specialty Coffee)'의 대중화입니다. 스페셜티 커피란 미국의 '스페셜티커피협회(SCA)'가 제정한 기준에 따라 엄격히 평가되어 80점 이상의 점수를 받은 우수한 품질의 커피를 의미합니다. 이제 소비자들은 단순히 카페인 섭취가 아니라 고급스럽고 독특한 맛, 향미를 즐기고자 합니다. 이에 따라 스페셜티 커피 시장은 빠르게 성장하고 있으며, 많은 카페들이 품질 높은 원두를 사용해 자신만의 시그니처 메뉴를 제공하기 위해 노력하고 있습니다.

두 번째 트렌드는 '지속 가능성(Sustainability)과 '윤리적 소비(Ethical Consumption)'입니다. 환경 문제와 윤리적 소비에 대한 관심이 높아지면서 커피 업계 역시 지속 가능한 방식으로 커피를 재배하고 공정한 거래를 통해 생산자와 상생하려는 움직임이 활발해지고 있습니다. 소비자들 역시 커피를 구매할 때 생산 과정이 투명하고 환경에 긍정적인 영향을 미치는지를 고려하기 시작했습니다. 따라서 많은 카페가 친환경 포장재를 사용하거나 공정무역(Fair Trade) 커피를 도입하고 있으며, 생산자를 직접 지원하는 다이렉트 트레이드(Direct Trade) 방식을 채택하는 사례도 늘고 있습니다.

세 번째는 '홈카페(Home Cafe)' 문화의 확산입니다. 최근 몇 년 동안 홈카페는 단순히 유행을 넘어 일상 속 깊이 자리 잡았습니다. 특히 코로나19 팬데믹 이후 집에서도 전문적인 커피를 즐기고자 하는 수요가 폭발적으로 증가했습니다. 소비자들은 커피 머신, 브루잉 도구, 고급 원두를 구매해 가정에서도 전문 바리스타 못지않은 커피를 내려 마시고 있습니다. 이러한 흐름은 바리스타가 직접 소비자에게 브루잉 기술을 가르치거나 원두를 추천하는 교육 콘텐츠로도 확대되고 있습니다.

네 번째 트렌드는 바로 '대체 유제품(Alternative Dairy)'의 인기입니다. 채식주의, 비건 인구의 증가와 유당불내증 등을 이유로 식물성 우유인 오트밀크, 아몬드밀크, 두유 등 대체 유제품을 선택하는 소비자가 많아졌습니다. 이런 흐름은 바리스타에게 새로운 기술적 도전을 안겨 주기도 합니다. 대체 유제품은 일반 우유와는 다른 온도와 기술을 요구하기 때문에, 바리스타들은 지속적인 연구와 노력을 통해 최적의 맛과 텍스처를 찾아내야 합니다.

다섯 번째로 눈여겨봐야 할 흐름은 '콜드브루(Cold Brew)'와 '니트로 콜드브루(Nitro Cold Brew)'입니다. 특히 MZ세대를 중심으로 차가운 커피의 인기가 높아지면서, 기존의 아이스 커피가 아닌 콜드브루가 꾸준히 강세를 보이고 있습니다. 콜드브루는 차갑게, 오랜 시간 동안 저온에서 추출하여 쓴맛과 산미가 덜하고 깔끔한 맛을 내기 때문에 대중적으로 많은 사랑을 받고 있습니다. 여기에 질소를 주입해, 맥주처럼 부드럽고 크리미한 거품이 특징인 니트로 콜드브루 또한 소비자에게 독특한 경험을 제공하며 인기를 끌고 있습니다.

마지막으로, 디지털 기술과의 융합이 빠르게 진행되고 있습니다. 모바일 앱을 통한 주문 시스템, 로봇 바리스타, 그리고 개인 맞춤형 추천 알고리즘 등 커피 업계에서도 기술 혁신을 통해 고객의 경험을 향상시키고 있습니다. 카페에서는 AI를 활용해 고객의 입맛과 취향을 분석해 개인 맞춤형 음료를 추천하기도 하고, 자동화 기술을 통해 효율적인 운영을 꾀하고 있습니다.

이러한 변화와 흐름을 이해하는 바리스타는 앞으로 더욱 다양한 가능성을 발견하고, 시장의 요구에 민감하게 반응할 수 있습니다. 커피 산업은 단순히 한 잔의 커피를 제공하는 데 그치지 않고, 사회적 트렌드와 문화, 기술을 반영하는 역동적인 시장으로 진화하고 있습니다.

결국, 바리스타가 가져야 할 가장 중요한 태도는 지속적인 변화에 대한 열린 자세입니다. 빠르게 변화하는 커피 산업의 흐름을 적극적으로 받아들이고, 끊임없이 배우고 성장할 준비가 되어 있다면, 바리스타로서 더 많은 기회를 잡을 수 있을 것입니다.

📍 콜드브루(Cold Brew)

콜드브루는 차가운 물로 장시간 천천히 우려내는 추출 방식을 사용한 커피입니다. 일반적인 커피 추출과 달리 저온에서 약 12~24시간 동안 추출해, 쓴맛과 산미가 적고 부드러우며, 달콤한 풍미가 강조되는 깔끔한 맛이 특징입니다.

📍 니트로 콜드브루(Nitro Cold Brew)

니트로 콜드브루는 기존 콜드브루에 질소(Nitrogen)를 주입하여 크리미한 거품과 부드러운 질감을 만들어낸 커피입니다. 맥주처럼 풍부하고 부드러운 식감이 매력적이며, 질소 거품으로 인해 더욱 부드럽고 깊은 풍미를 즐길 수 있습니다.

이 두 가지 모두 최근 인기 있는 트렌드로, 소비자들이 색다른 경험과 독특한 맛을 찾는 흐름과 맞물려 크게 사랑받고 있어요.

바리스타가 반드시 알아야 할 기본 용어

바리스타로 일하려면 커피 관련 기본 용어를 확실히 알아두는 것이 중요합니다. 이를 통해 현장에서 원활하게 소통할 수 있고, 커피를 제대로 이해하며 작업할 수 있습니다. 다음은 바리스타가 반드시 알아야 하는 기본 용어들입니다.

- **에스프레소(Espresso)**

  고압(9기압 이상)에서 빠르게 추출한 진한 커피로, 모든 커피 음료의 기본이 됩니다.

- **크레마(Crema)**

  에스프레소 추출 시 표면에 형성되는 부드러운 황금색의 거품층으로 신선도와 추출 품질을 나타냅니다.

- **추출(Extraction)**

  커피 원두로부터 맛과 향미를 뽑아내는 과정입니다.

- **도징(Dosing)**

  커피를 추출할 때 사용하는 원두의 양을 정밀히 계량하는 과정입니다.

- **탬핑(Tamping)**

  에스프레소 추출을 위해 포터필터에 담긴 커피 가루를 일정한 압력으로 평평하게 다지는 작업입니다.

- **포터필터(Portafilter)**

에스프레소 머신의 그룹 헤드에 장착하여 커피를 담아 추출하는 도구입니다.

- **그룹 헤드(Group Head)**

에스프레소 머신에서 포터필터를 장착하고 추출이 이루어지는 부분입니다.

- **스팀 완드(Steam Wand)**

우유를 데우고 거품을 만드는 데 사용하는 에스프레소 머신의 노즐입니다.

- **마이크로폼(Microfoam)**

우유를 스티밍하여 얻는 작고 미세한 거품으로, 라떼아트를 그리는 데 필수적입니다.

- **바디(Body)**

커피가 입안에서 느껴지는 질감과 무게감으로, 가볍거나 무겁다는 표현으로 설명됩니다.

- **산미(Acidity)**

커피에서 느껴지는 산뜻하고 밝은 맛을 의미하며, 품질 좋은 커피의 중요한 특징 중 하나입니다.

- **밸런스(Balance)**

커피 맛의 여러 요소인 산미, 단맛, 쓴맛 등이 적절히 어우러진 상태를 말합니다.

- **아로마(Aroma)**

커피에서 풍기는 향기를 말하며, 맛을 좌우하는 중요한 요소입니다.

커피 좀 아는 바리스타 되기

- **싱글 오리진(Single Origin)**

  한 지역 또는 농장에서 생산된 원두를 뜻하며, 특정 지역 고유의 맛을 강조합니다.

- **블렌드(Blend)**

  두 가지 이상의 커피 원두를 섞어서 특정한 맛과 향미를 만드는 방식입니다.

- **내추럴 프로세싱(Natural Processing)**

  커피체리를 통째로 건조시켜 가공하는 방식으로, 과일 향과 단맛이 강한 특징이 있습니다.

- **워시드 프로세싱(Washed Processing)**

  체리의 과육을 제거한 후 물로 씻어 가공하는 방식으로, 깔끔하고 명료한 맛이 특징입니다.

- **허니 프로세싱(Honey Processing)**

  과육 일부만 제거한 상태에서 점액질을 남긴 채 건조하는 방식으로, 부드러운 단맛과 적절한 산미가 특징입니다.

- **로스팅(Roasting)**

  생두를 가열하여 커피의 풍미와 맛을 끌어내는 과정으로, 라이트, 미디엄, 다크 등 다양한 로스팅 단계가 있습니다.

- **그라인딩(Grinding)**

  로스팅된 원두를 추출하기 위해 가루 형태로 갈아내는 과정입니다.

- **수율(Yield)**

  커피 추출 과정에서 얻어지는 커피의 양을 나타냅니다.

- **오버 익스트랙션(Over Extraction)**

  과도하게 추출되어 쓴맛과 떫은맛이 강한 상태입니다.

- **언더 익스트랙션(Under Extraction)**

  충분히 추출되지 않아, 밋밋하고 신맛이 강한 상태입니다.

- **브루잉(Brewing)**

  에스프레소 이외의 다양한 방법으로 커피를 내리는 방식으로, 핸드드립, 프렌치프레스 등이 있습니다.

- **핸드드립(Hand Drip)**

  드리퍼와 필터를 이용해 수동으로 물을 부어 추출하는 커피 방식입니다.

- **콜드브루(Cold Brew)**

  차가운 물에 장시간 천천히 추출하는 커피로 쓴맛과 산미가 적습니다.

- **니트로 콜드브루(Nitro Cold Brew)**

  콜드브루 커피에 질소를 주입하여 부드럽고 크리미한 질감을 더한 커피입니다.

- **리스트레토(Ristretto)**

  일반 에스프레소보다 짧은 시간 동안 추출하여 농도와 바디감이 더 진한 에스프레소입니다.

- **룽고(Lungo)**

  에스프레소보다 긴 시간 추출하여 양은 많고 비교적 가벼운 에스프레소입니다.

- **플랫 화이트(Flat White)**

  에스프레소에 마이크로폼을 얇게 올린 음료로, 부드럽고 진한 맛이 특징입니다.

- **라떼아트(Latte Art)**

  커피 위에 우유 거품으로 다양한 모양을 그리는 예술적인 표현입니다.

- **커핑(Cupping)**

  커피의 맛과 향을 평가하기 위해 표준화된 방법으로 시음하는 과정입니다.

- **테이스팅 노트(Tasting Notes)**

  커피의 맛과 향을 구체적으로 표현한 설명으로, 소비자에게 원두의 특징을 전달하는 데 사용됩니다.

- **에이징(Aging)**

  로스팅 후 커피 원두가 적정한 맛과 향을 내도록 일정 기간 숙성시키는 과정입니다.

이 외에도 많은 용어가 있지만, 이 기본 용어들을 먼저 숙지하면 커피 현장에서 효율적으로 소통할 수 있으며, 보다 전문적이고 자신감 있는 바리스타로 성장할 수 있을 것입니다.

커피 한 잔의 여정: 씨앗부터 컵까지

커피 한 잔이 우리 손에 들리기까지는 길고 복잡한 여정을 거쳐야 합니다. 씨앗에서부터 컵에 이르기까지, 커피는 많은 사람의 손과 노력을 통해 우리에게 도착합니다. 바리스타로서 이 여정을 정확히 이해한다면 커피에 대한 깊은 존중과 진정한 전문성을 갖출 수 있습니다. 이 장에서는 커피의 여정을 씨앗부터 컵까지 더욱 세부적이고 풍부하게 살펴보겠습니다.

1. 커피의 씨앗, 커피체리의 탄생

커피의 여정은 씨앗에서 시작됩니다. 우리가 흔히 커피콩이라고 부르는 것은 사실 커피나무에서 열리는 열매의 씨앗입니다. 이 작은 씨앗이 흙 속에 심겨 발아하며, 처음엔 여린 묘목으로 자라 점차 커피나무로 성장합니다. 커피나무는 보통 약 3~4년이 지나야 본격적으로 열매를 맺기 시작합니다.

2. 커피 농장, 재배와 관리

커피나무는 열대 및 아열대 기후에서 잘 자랍니다. 특히 아라비카 품종은 해발 800~2,200m의 고지대에서 자랄 때 최상의 맛과 향미를 발현합니다. 농부들은 나무의 상태를 면밀히 살피며 적절한 그늘 관리, 토양 영양분 공급, 병해충 방제 등의 관리 작업을 지속적으로 수행해야 합니다. 계절마다 가지치기를 통해 수확량을 관리하고 나무의 수명을 연장하는 데도 주의를 기울입니다.

3. 커피체리 수확

커피체리 수확은 매우 중요한 단계입니다. 익은 커피체리는 붉거나 노란색을 띠며, 이때를 정확히 포착해 수확해야 품질 좋은 커피가 만들어집니다. 가장 보편적인 수확 방법은 핸드 피킹(hand picking)으로, 농부들이 잘 익은 체리만을 선택적으로 수확합니다. 일부 대규모 농장에서는 기계 수확 방식을 사용하기도 하지만, 손으로 수확하는 방식이 품질 관리에 훨씬 더 유리합니다.

4. 커피체리 가공

수확된 커피체리는 신속하게 가공 과정을 거쳐야 합니다. 대표적인 가공 방법으로는 내추럴 프로세싱, 워시드 프로세싱, 허니 프로세싱 등이 있습니다. 내추럴 프로세싱은 체리째 말려 풍부한 과일 향과 단맛을 만들어냅니다. 워시드 프로세싱은 체리의 과육을 제거하고 씨앗을 물로 세척하여 깨끗하고 밝은 맛을 표현합니다. 허니 프로세싱은 두 방식의 중간 형태로 점액질을 일부 남기고 건조해 부드러운 단맛과 적절한 산미를 살려냅니다.

5. 커피의 건조와 저장

가공을 마친 커피 씨앗, 즉 생두는 일정한 수분 함량으로 조절하기 위해 건조 과정을 거칩니다. 전통적으로 태양 건조 방식이 널리 사용되지만, 일부 농장에서는 품질의 균일성을 위해 기계 건조를 사용하기도 합니다. 건조 과정은 품질 관리의 핵심으로, 수분이 너무 많으면 부패 위험이 있고, 너무 적으면 원두가 쉽게 손상될 수 있습니다. 건조 후 생두는 습도와 온도가 관리된 환경에서 보관됩니다.

6. 생두의 선별과 품질 관리

건조 후 생두는 크기, 무게, 색상, 결점 등을 기준으로 엄격한 품질 평가와 선별 과정을 거칩니다. 이 과정에서 결점이 있는 생두는 제거되고, 최상의 품질을 유지하는 생두만이 소비자에게 전달됩니다.

7. 생두의 운송과 유통

품질 관리가 완료된 생두는 수출을 위해 특별히 포장되고, 세계 각지의 로스터에게 전달됩니다. 운송 과정에서 생두는 환경적 변화에 민감하므로, 온도와 습도를 엄격히 관리한 컨테이너를 사용해 품질 저하를 방지합니다.

8. 로스팅(Roasting)의 과정

로스팅은 생두를 가열하여 커피의 고유한 맛과 향을 발현시키는 중요한 단계입니다. 로스터는 원두가 가진 특성을 파악하고, 각 원두의 특성에 맞는 로스팅 프로파일을 개발합니다. 로스팅의 정도에 따라 라이트, 미디엄, 다크 로스트로 구분되며, 이 단계에서 원두의 맛, 산미, 단맛, 바디감 등 다양한 특성이 결정됩니다.

9. 그라인딩(Grinding)

원두를 갈아내는 과정인 그라인딩은 추출 방식에 따라 매우 세심하게 조정됩니다. 에스프레소는 매우 곱게, 프렌치프레스는 굵게 가는 등 추출 방식에 따라 분쇄도가 달라지며, 이는 맛과 향미에 직접적인 영향을 줍니다.

10. 커피 추출

바리스타는 다양한 방식으로 커피를 추출합니다. 에스프레소, 핸드드립, 콜드브루, 프렌치프레스 등 다양한 방식은 커피의 맛을 각기 다르게 표현합니다. 바리스타는 원두와 추출법을 정확히 이해하고, 소비자의 취향에 맞춰 최적의 커피를 제공합니다.

11. 한 잔의 커피로

마침내 바리스타가 고객에게 한 잔의 커피를 전달할 때, 그 안에는 이 모든 과정과 수많은 사람들의 노력이 담겨 있습니다. 이 여정을 이해하고 존중하는 바리스타는 단순히 커피를 내리는 기술자를 넘어, 진정한 커피 전문가로서 고객에게 특별한 경험을 제공하게 됩니다.

에스프레소 vs 브루잉, 어디서부터 시작할까?

커피를 처음 시작할 때, 바리스타들이 가장 먼저 고민하는 질문 중 하나는 바로 '에스프레소부터 시작할까, 아니면 브루잉부터 시작할까?'입니다. 이 선택은 앞으로의 커피 공부 방향과 나만의 커피 스타일을 정하는 중요한 결정이 될 수 있습니다. 이 장에서는 에스프레소와 브루잉의 차이점과 각각의 장단점, 그리고 어떤 것부터 시작하는 것이 좋은지에 대해 깊이 있게 알아보겠습니다.

에스프레소(Espresso)란?

에스프레소는 고온과 고압의 조건 아래 빠르게 추출한 농축된 형태의 커피입니다. 에스프레소는 소량의 물에 압력을 가해 미세하게 분쇄된 원두를 통과시키며 짧은 시간 내에 추출됩니다. 이 과정에서 진한 바디감과 강한 맛, 그리고 특유의 크레마가 형성됩니다.

- 장점: 빠른 추출 시간으로 다양한 메뉴(아메리카노, 라떼, 마키아토 등)를 쉽게 만들 수 있습니다. 맛의 일관성을 유지하기 쉽고, 상업적 카페에서 효율적인 운영이 가능합니다. 바디감과 강한 맛을 선호하는 소비자들에게 인기가 많습니다.

🖋 단점: 고가의 에스프레소 머신과 장비를 갖추어야 합니다. 추출 과정에서 세부적인 변수 관리(압력, 온도, 분쇄도 등)가 까다롭습니다. 기술을 습득하기 위해 상당한 훈련과 경험이 필요합니다.

🍋 브루잉(Brewing) 방식이란?

브루잉은 상대적으로 낮은 압력에서 물을 천천히 커피에 통과시키거나 우려내는 방식으로, 핸드드립, 프렌치프레스, 에어로프레스 등 다양한 방법이 포함됩니다. 브루잉 커피는 원두의 개성과 섬세한 맛을 부각시키기에 적합한 방법입니다.

🖋 장점: 비교적 적은 초기 비용으로 접근이 가능합니다. 다양한 방식으로 원두의 특성을 섬세하게 표현할 수 있습니다. 가정에서도 간편하게 즐길 수 있으며, 자신만의 레시피를 개발하기 좋습니다.

🖋 단점: 시간과 온도, 분쇄도 등 세부적인 변수 조정에 따라 맛의 편차가 클 수 있습니다. 한 번에 대량으로 제공하기 어렵습니다. 추출 시간이 비교적 길기 때문에, 바쁜 매장 환경에는 적합하지 않을 수 있습니다.

커피를 처음 시작하는 사람이라면 어떤 방법부터 시작할지 고민이 될 수 있습니다. 이때 중요한 것은 개인의 관심과 목표입니다. 에스프레소부터 시작하면 기술적이고 전문적인 영역에 빠르게 진입할 수 있습니다. 커피 업계의 많은 음료가 에스프레소를 기반으로 하고 있으며, 에스프레소를 이해하면 대부분의 카페 메뉴를 손쉽게 습득할 수 있습니다. 바리스타로서 카페 운영을 목표로 한다면 에스프레소부터 시작하는 것이 효과적일 수 있습니다.

반면, 브루잉부터 시작하면 원두의 특성과 섬세한 맛의 차이를 깊게 이해할 수 있습니다. 특히 핸드드립은 바리스타에게 원두의 개성, 로스팅 정도, 추출 변수에 따른 미묘한 차이를 탐구하게 만듭니다. 집에서도 쉽게 연습할 수 있고, 커피 본연의 맛을 탐구하는 즐거움을 느낄 수 있습니다.

통합적 접근법

사실 이상적인 접근법은 에스프레소와 브루잉 방식을 동시에 혹은 병행하며 배우는 것입니다. 커피를 폭넓게 이해하기 위해서는 양쪽 방식을 모두 경험하는 것이 좋습니다. 에스프레소의 기술적인 부분과 브루잉의 섬세한 감각을 동시에 익히면, 다양한 상황과 고객의 요구에 효과적으로 대응할 수 있는 바리스타가 될 수 있습니다.

에스프레소와 브루잉 중 어디서부터 시작할지는 개인의 목표와 흥미에 따라 달라질 수 있습니다. 중요한 것은 어느 방식이든 커피를 깊이 이해하고 존중하는 태도를 가지는 것입니다. 두 방법 모두를 잘 이해하고 다룰 수 있는 바리스타는 커피의 진정한 매력을 손님에게 전달할 수 있으며, 나만의 커피 스타일을 완성하는 데 큰 강점을 가지게 됩니다. 이 책을 통해 커피에 대한 전반적인 이해를 쌓고, 여러분의 커피 여정이 더욱 풍부해지기를 바랍니다.

2장

커피의 시작, 생두부터 알고 가자

커피나무와 품종의 세계, 아라비카 vs 로부스타

우리가 매일 마시는 커피 한 잔에는 단순히 향과 맛 이상의 배경이 존재합니다. 그 시작은 바로 커피나무의 품종에서 비롯됩니다. 전 세계에서 유통되는 커피는 주로 아라비카(Arabica)와 로부스타(Robusta)라는 두 품종에서 나옵니다. 이 두 품종은 외형부터 맛, 재배 환경, 가격, 그리고 유통 방식까지 많은 차이를 보입니다. 바리스타로서 이 두 품종의 차이를 정확히 이해하는 것은 커피에 대한 전문성과 안목을 키우는 데 매우 중요한 기본기입니다.

커피나무의 기원과 분포

커피의 기원은 아프리카 대륙, 특히 에티오피아로 알려져 있습니다. 약 9세기경부터 인간에 의해 소비되기 시작한 것으로 추정되며, 이후 아라비아 반도를 거쳐 유럽과 아시아, 아메리카 대륙으로 확산되었습니다. 현재 커피는 전 세계 70여 개국 이상에서 재배되고 있으며, '커피 벨트(Coffee Belt)'라고 불리는 적도 중심의 열대 지역에서 주로 생산됩니다. 이 커피 벨트는 북위 25도에서 남위 25도 사이의 지역으로, 온난한 기후와 고도, 적절한 강수량이 커피 재배에 최적화된 조건을 제공합니다.

아라비카 커피(Arabica Coffee)

··식물적 특징

아라비카 커피는 학명으로 'Coffea Arabica'라고 불리며, 전 세계 커피 생산량의 약 60~70%를 차지합니다. 해발고도 평균 2,000m의 고지대에서 자라며, 섬세한 맛과 향, 복합적인 아로마로 인해 스페셜티 커피 시장에서 선호됩니다. 잎은 넓고, 열매는 타원형이며 씨앗(생두)은 약간 평평한 형태를 가집니다.

··재배 조건과 민감성

아라비카는 상대적으로 병충해에 약하고 기후 변화에 민감합니다. 섬세한 관리가 필요하며, 재배자가 기후, 토양, 일조량, 고도 등 다양한 요소를 세심하게 조율해야 고품질의 원두가 나옵니다. 이는 곧 생산 비용의 증가로 이어지며, 아라비카 커피의 평균 단가는 로부스타보다 높습니다.

··맛과 향미 특성

아라비카는 일반적으로 산미가 뚜렷하고 향미가 복잡하며, 단맛이 강하고 쓴맛은 적은 편입니다. 꽃향, 과일향, 초콜릿 향 등의 다채로운 플레이버를 지니며, 로스팅과 추출에 따라 매우 다양한 맛의 스펙트럼을 보여줍니다. 커핑 시 복합적인 뉘앙스를 감지할 수 있어 테이스팅을 즐기는 바리스타나 커피 애호가들 사이에서 인기가 높습니다.

🍋 로부스타 커피(Robusta Coffee)

··식물적 특징

로부스타 커피는 'Coffea Canephora'라는 학명을 가지며, 전 세계 커피 생산량의 약 30~40%를 차지합니다. 아라비카보다 낮은 해발고도 평균 800m에서도 재배 가능하며, 강한 햇빛과 고온 다습한 기후에서도 잘 자랍니다. 열매는 둥글고 작으며, 씨앗은 보다 둥글고 밀도가 높은 특징을 가집니다.

··재배 조건과 내구성

로부스타는 병충해에 강하고 재배가 비교적 쉬우며, 생산량도 높은 편입니다. 이러한 장점 덕분에 생산 단가가 낮고, 대량 생산에 유리합니다. 특히 베트남, 인도네시아, 인도 등지에서 대규모로 재배되어 전 세계 커피 산업의 저변을 지탱하고 있습니다.

··맛과 향미 특성

로부스타는 아라비카보다 카페인 함량이 약 2배 정도 높고, 맛은 쓴맛과 텁텁함, 흙냄새 같은 강한 뉘앙스를 보입니다. 하지만 최근에는 품질 개선을 통해 스페셜티 로부스타라는 새로운 카테고리가 등장하며, 로부스타 특유의 깊고 진한 바디감을 선호하는 소비자들도 늘어나고 있습니다.

<h1 style="text-align:center">아라비카와 로부스타 원두 비교</h1>

<h2 style="text-align:center">아라비카와 로부스타 세부 품종 비교표</h2>

항목	아라비카 (Coffea Arabica)	로부스타 (Coffea Canephora)
생산량 비중	전 세계 커피 생산량의 약 60~70%	약 30~40%
재배 고도	해발 800~2,200m의 고지대	해발 0~800m의 저지대
재배 지역	에티오피아, 브라질, 콜롬비아 등	베트남, 인도네시아, 인도 등
카페인 함량	0.8~1.4%	1.7~3.5%
맛과 향미	섬세하고 복합적인 향미, 밝은 산미, 과일 및 꽃 향	강한 쓴맛, 무거운 바디감, 흙냄새나 고무 향
병충해 저항성	병충해에 약함	병충해에 강함
생산성	생산량이 낮고 재배가 까다로움	생산량이 많고 재배가 용이함
가격	높은 가격대로 거래됨	비교적 낮은 가격대로 거래됨
주요 활용	스페셜티 커피, 고급 블렌드	인스턴트 커피, 에스프레소 블렌드의 보완재

하이브리드 품종과 새로운 시도들

최근 커피 산업에서는 아라비카와 로부스타의 장점을 결합한 하이브리드 품종 개발이 활발합니다. 대표적으로 카티모르(Catimor), SL28, SL34, 게이샤(Geisha), 바투안(Batuan) 등이 있으며, 이는 고품질과 재배 안정성을 동시에 추구하는 방향으로 나아가고 있습니다. 특히 기후 변화로 인한 재배 환경 악화에 대응하기 위해, 병충해에 강한 로부스타의 특성과 아라비카의 향미를 결합한 새로운 품종들이 연구되고 있습니다.

바리스타를 위한 실전 팁

커핑 훈련 시 아라비카와 로부스타를 명확히 비교해보는 것이 좋습니다. 향미와 질감, 바디감, 애프터테이스트 등에서 큰 차이를 느낄 수 있습니다.

블렌딩을 기획할 때는 아라비카의 복합성과 로부스타의 바디감을 어떻게 조화시킬지 고민해보세요.

원두 선택 시 고객의 기호를 고려해야 합니다. 진한 맛을 선호하는 고객에게는 로부스타 비율이 높은 블렌드도 매력적인 옵션이 될 수 있습니다. 머신 세팅 시 로부스타는 에스프레소 압력과 분쇄도에 민감하므로, 테스트를 통해 최적 세팅을 찾는 것이 중요합니다.

결론적으로, 커피의 세계는 단지 아라비카와 로부스타라는 두 품종으로 나뉘는 것처럼 보일 수 있지만, 그 안에는 수백 년에 걸친 역사와 문화, 그리고 수많은 농부들의 노력이 담겨 있습니다. 바리스타로서 이 두 품종의 차이를 깊이 이해한다는 것은 단지 원두를 고르는 능력을 넘어서, 커피 전체의 생태계를 이해하고 존중하는 태도이기도 합니다. 오늘의 커피가 어디서 왔는지, 어떤 품종인지, 그리고 그것이 왜 지금 이 맛을 내는지를 아는 바리스타는 손님에게 더욱 진정성 있는 커피 경험을 전달할 수 있을 것입니다.

커피는 그 생산지가 어디냐에 따라 맛과 향, 바디감, 산미까지도 완전히 달라집니다. 이는 단순히 토양이나 고도, 기후뿐만 아니라, 각 지역이 커피를 재배하고 가공하는 전통과 방식에서 비롯됩니다. 바리스타로서 커피 산지에 대한 이해는 원두 선택은 물론, 손님에게 커피를 설명하고 추천할 때 매우 중요한 배경 지식이 됩니다. 이 장에서는 전 세계 주요 커피 산지 중 에티오피아, 콜롬비아, 인도네시아, 케냐, 브라질, 예멘, 과테말라 등을 중심으로 특징과 향미, 문화적 배경을 살펴보겠습니다.

🍋 에티오피아(Ethiopia)

　　커피의 발상지로 알려진 에티오피아는 커피 애호가들 사이에서 가장 성스러운 산지 중 하나입니다. '커피'라는 단어 자체가 에티오피아의 '카파(Kaffa)' 지역에서 유래되었을 정도로, 이 땅은 커피의 뿌리라 할 수 있습니다.

- 주요 생산 지역: 시다모(Sidamo), 예가체프(Yirgacheffe), 하라(Harar), 리무(Limu)

- 고도: 1,500~2,200m

- 품종: 아라비카(주로 토착종)

- 가공 방식: 워시드와 내추럴 모두 활발

- 향미 특성: 자스민, 베르가못, 감귤류의 산미, 복합적인 꽃향

- 특징: 토착 품종이 다양하게 존재하며, 농부들은 세대에 걸쳐 전통적인 방식으로 커피를 재배

에티오피아 커피는 섬세하고 복합적인 향으로 유명하며, 세계적으로도 가장 화려한 플레이버 프로파일을 자랑합니다. 특히 예가체프는 티 향과 밝은 산미로 전 세계적으로 인기를 끌고 있습니다.

콜롬비아(Colombia)

콜롬비아는 세계에서 가장 안정적이고 균형 잡힌 커피를 생산하는 나라 중 하나로, 커피 수출량은 항상 상위권을 유지하고 있습니다.

- 주요 생산 지역: 안티오키아(Antioquia), 우일라(Huila), 나리뇨(Nariño), 톨리마 (Tolima)

- 고도: 1,200~2,000m

- 품종: 티피카, 카투라, 부르봉 등

- 가공 방식: 워시드(습식)가 주를 이룸

- 향미 특성: 부드러운 산미, 견과류, 초콜릿, 캐러멜

◦ 특징: 생산 인프라가 발달해 있고, 커피 재배 기술 수준이 높음

콜롬비아 커피는 산미와 단맛, 바디의 밸런스가 좋아 전 세계적으로 가장 폭넓게 사랑받는 원두 중 하나입니다. 대중적인 맛을 지향하며, 카페 입문자에게도 추천하기 좋은 산지입니다.

◌ 인도네시아(Indonesia)

인도네시아는 독특한 가공 방식과 강한 개성을 지닌 커피로 유명합니다. 특히 '수마트라식 가공(Giling Basah)'이라는 반습식 가공법으로 독특한 향과 바디감을 형성합니다.

◦ 주요 생산 지역: 수마트라(Sumatra), 자바(Java), 술라웨시(Sulawesi), 발리(Bali)

◦ 고도: 1,000~1,800m

◦ 품종: 티피카, 아템, S795 등

- 가공 방식: 습식, 반습식(Giling Basah)

- 향미 특성: 허브, 토양, 향신료, 스모키, 중후한 바디감

- 특징: 독립적인 미세 기후와 고유한 가공법이 지역마다 다름

인도네시아 커피는 무겁고 진한 바디와 흙내음, 향신료 향으로 대표됩니다. 로부스타의 고급화와 함께 최근에는 스페셜티 커피로서의 입지도 강화되고 있습니다.

🍋 케냐(Kenya)

케냐 커피는 매우 뚜렷한 산미와 과일 향, 깊고 선명한 맛으로 세계 시장에서 강한 존재감을 가지고 있습니다.

- 주요 생산 지역: 키암부(Kiambu), 니에리(Nyeri), 키리냐가(Kirinyaga)

- 고도: 1,400~2,000m

- 품종: SL28, SL34, 루이루11

- 가공 방식: 워시드(습식)

- 향미 특성: 블랙커런트, 자몽, 토마토, 묵직한 바디와 높은 산미

- 특징: 오크션 시스템으로 유통 투명성 확보, 고도의 생두 선별 시스템

케냐의 커피는 대부분 높은 점수를 받으며, 북유럽과 일본 시장에서 특히 큰 인기를 끌고 있습니다.

🍋 브라질(Brazil)

세계 최대의 커피 생산국인 브라질은 커피 산업에 있어 가장 상징적인 국가 중 하나입니다. 다양한 품종과 생산 방식, 대규모 생산 시스템이 특징입니다.

- 주요 생산 지역: 미나스 제라이스(Minas Gerais), 상파울루(São Paulo), 에스피리토 산토(Espírito Santo)

- 고도: 800~1,200m

- 품종: 부르봉, 카투아이, 문도노보 등

- 가공 방식: 내추럴, 펄프드 내추럴

- 향미 특성: 고소한 견과류 향, 초콜릿, 부드러운 바디, 낮은 산미

- 특징: 대규모 농장 운영, 기계화된 수확 시스템, 안정적인 수출 기반

브라질 커피는 부드럽고 무난한 맛으로 블렌드의 베이스로 많이 사용되며, 접근성 높은 커피를 찾는 고객에게 이상적입니다.

예멘(Yemen)

예멘은 세계 최초로 커피가 재배된 역사적인 장소이며, 여전히 전통적인 방식으로 커피를 재배하고 가공합니다.

- 주요 생산 지역: 모카(Mocha), 하라즈(Haraz), 이브(Yib)

- 고도: 1,600~2,300m

- 품종: 전통적인 예멘 로컬 품종

- 가공 방식: 전통 내추럴 방식

- 향미 특성: 건포도, 말린 무화과, 와인 향, 강한 스파이스 느낌

- 특징: 수분이 적고 고산지에서 재배되어 매우 독특한 풍미를 가짐

예멘 커피는 생산량이 적고 가공 방식이 까다롭지만, 독특한 풍미와 역사성으로 고급 커피 시장에서 높은 평가를 받습니다.

🍋 과테말라(Guatemala)

고산지에서 재배된 과테말라 커피는 품질이 뛰어나고 맛이 깊어 프리미엄 커피 시장에서 인기가 높습니다.

- 주요 생산 지역: 안티구아(Antigua), 우에우에테낭고(Huehuetenango), 코반(Cobán)

- 고도: 1,300~2,000m

- 품종: 부르봉, 카투라, 파체 등

- 가공 방식: 워시드(습식)

- 향미 특성: 초콜릿, 시트러스, 은은한 스파이스, 적절한 산미

- 특징: 다양한 미세 기후(microclimate), 화산 토양, 높은 고도

과테말라 커피는 복합적인 향과 탄탄한 바디, 균형 잡힌 맛으로 많은 로스터와 바리스타에게 사랑받는 산지 중 하나입니다.

각 산지는 고유의 기후, 토양, 고도, 가공 방식에 따라 전혀 다른 커피의 세계를 보여줍니다. 바리스타로서 커피 산지에 대한 지식은 단순히 커피를 내리는 것을 넘어, 그 배경을 이해하고 설명할 수 있는 힘이 됩니다.

더 나아가, 이러한 지역들이 어떤 방식으로 커피를 생산하고, 어떤 가치를 담아내는지를 이해할 때, 우리는 단지 '맛있는 커피'를 넘어 '의미 있는 커피'를 만들 수 있게 됩니다. 다음 장에서는 이러한 산지에서 수확된 커피가 어떻게 가공되어 맛의 세계로 이어지는지를 알아보겠습니다.

내추럴, 워시드, 허니 프로세싱 차이점

커피 한 잔의 향미는 단순히 품종이나 산지에서 결정되지 않습니다. 그보다 더 직접적으로 커피의 맛에 영향을 주는 요소 중 하나가 바로 '가공 방식'입니다. 생두(그린빈, green bean)는 커피체리라는 과일의 씨앗에 불과합니다. 이 씨앗을 껍질과 과육에서 분리해내는 방식, 즉 프로세싱(processing)은 커피의 풍미 구조에 극적인 차이를 만들어냅니다.

커피 가공은 크게 내추럴(Natural), 워시드(Washed), 허니(Honey) 방식으로 구분되며, 이 외에도 지역 특유의 하이브리드 방식들이 존재하지만, 이 장에서는 바리스타가 반드시 이해해야 할 핵심 3대 가공 방식에 대해 깊이 있게 알아보겠습니다.

내추럴 프로세싱(Natural / Dry Process)

내추럴 프로세싱은 가장 오래된 커피 가공 방식입니다. 커피의 기원지인 에티오피아와 예멘에서 수백 년 전부터 사용되어 온 방식으로, 기계나 물 없이 햇볕과 바람만으로 커피체리를 건조시키는 전통적인 방법입니다.

-수확된 커피체리를 깨끗이 세척한 후, 과육을 제거하지 않은 채 건조장(파티오 또는 아프리칸 베드)에 널어 놓고 건조.

-체리 안쪽의 씨앗(생두)은 과육과 점액질과 함께 수분을 잃어가며 자연 발효.

-평균 2~4주 정도의 건조 기간을 거친 뒤, 밀링 과정을 통해 껍질과 말린 과육 제거.

-장점: 물 사용이 거의 없어 친환경적이며, 단맛과 과일 향이 강하게 남음.

-단점: 날씨 의존도가 높고, 균일한 품질 관리가 어려움. 불균일한 발효로 결점두 발생 가능성 있음.

-향미 특징: 블루베리, 건포도, 와인 향 등 강한 과일 향, 높은 단맛, 묵직한 바디감.

-에티오피아 내추럴 예가체프, 브라질 내추럴 세라도, 예멘 모카 하라즈.

-최근에는 고도 높은 지역에서도 품질 좋은 내추럴 커피가 생산되고 있음.

　　　　　　　　　　　　　　　　커피 좀 아는 바리스타 되기

🫘 워시드 프로세싱(Washed / Wet Process)

·· 개요 및 역사

워시드 프로세싱은 물을 활용하여 과육과 점액질을 제거한 뒤 씨앗을 건조하는 방식으로, 19세기부터 중남미 지역에서 널리 채택되기 시작했습니다. 현재는 가장 보편적이고 과학적인 방식으로 여겨지며, 전 세계의 고품질 커피 생산국들이 주로 사용합니다.

·· 가공 과정

-수확 후 체리를 선별하고 물로 세척.

-펄퍼(pulper)라는 기계를 이용해 외피와 과육 제거.

-점액질 제거를 위해 12~48시간 발효조에 침지, 효소 분해 유도.

-깨끗한 물로 다시 씻은 뒤, 아프리칸 베드나 파티오에서 건조.

·· 특징 및 장단점

-장점: 향미가 선명하고 청량하며, 고품질 커피 생산에 적합.

-단점: 많은 물 사용으로 환경 부담, 수처리 시스템 필요.

-향미 특징: 클린컵, 선명한 산미, 시트러스 계열, 밝고 가벼운 바디감.

-콜롬비아 워시드 우일라, 과테말라 안티구아, 케냐 워시드 SL28.

-북유럽, 일본 등에서는 워시드 커피를 선호하는 경향이 뚜렷함.

허니 프로세싱(Honey / Pulped Natural)

허니 프로세싱은 내추럴과 워시드 방식의 중간 단계로, 비교적 최근에 등장한 하이브리드 방식입니다. 주로 코스타리카와 중미 지역에서 시작되었으며, 현재는 고품질 커피 생산국들이 다양하게 응용하고 있습니다. '허니'라는 명칭은 실제 꿀과는 무관하며, 점액질(mucilage)이 생두 표면에 남아 있어 끈적거리고 달콤한 향이 난다는 의미에서 붙여졌습니다.

·· 가공 과정

-수확 후 펄퍼로 외피와 일부 과육 제거.

-점액질을 일정 부분 남긴 채로 건조.

-점액질의 양과 건조 시간에 따라 옐로우, 레드, 블랙 허니 등으로 구분.

-건조 중 잦은 뒤집기와 세심한 관리를 통해 품질 유지.

·· 특징 및 장단점

-장점: 단맛과 향미의 복합성 증가, 물 사용량 절감.

-단점: 건조 시 품질 불균일 가능성, 세심한 관리 필요.

-향미 특징: 설탕, 말린 과일, 꿀향, 균형 잡힌 산미와 바디감.

·· 대표 산지와 사례

-에티오피아 코케 허니, 코스타리카 허니 프로세싱, 엘살바도르 레드 허니, 파나마 블랙 허니 등.

-고도와 기후에 따라 다양한 버전의 허니 프로세싱이 존재.

프로세싱에 따른 향미 비교 요약

	가공 방식	주요 특징	향미 특성	물 사용량	품질 관리 난이도
1	내추럴	과육을 남긴 채 건조	과일향, 단맛, 무거운 바디	매우 적음	높음
2	워시드	완전한 세척, 발효	선명한 산미, 클린컵	많음	중간
3	허니	점액질 일부 남김	꿀, 캐러멜, 균형 잡힌 맛	중간	높음

바리스타 실전에서의 활용

-내추럴 커피는 라떼보다는 브루잉에 적합하며, 특유의 화려한 플레이버를 강조할 수 있습니다.

-워시드 커피는 에스프레소나 아메리카노에 적합하며, 단정하고 깔끔한 맛을 제공합니다.

-허니 프로세싱은 두 방식의 장점을 절충하여, 균형 잡힌 레시피에 활용하기 좋습니다.

바리스타는 커피를 추출할 때 그 원두가 어떤 가공 방식을 거쳤는지 이해하고 있어야 합니다. 추출 방식, 물 온도, 그라인딩 세팅 등을 그에 맞게 조정해야 최상의 맛을 끌어낼 수 있기 때문입니다.

향후 트렌드와 새로운 실험들

최근에는 전통적인 방식 외에도, 아나에어로빅 발효(Anaerobic fermentation), 탄산 침출법(Carbonic maceration), 인퓨전(Infusion) 등 다양한 실험적 가공 방식이 등장하고 있습니다. 이들은 커피의 향미를 더욱 특별하게 만들며, 바리스타에게도 창의적이고 도전적인 영역을 제공합니다. 하지만 가장 중요한 것은 기본입니다. 내추럴, 워시드, 허니 이 세 가지 방식에 대한 정확한 이해 없이는 고급 가공 방식의 장점을 이해하거나 설명하는 것도 불가능합니다.

프로세싱은 단지 커피체리에서 씨앗을 분리해내는 과정이 아니라, 커피의 성격을 결정짓는 본질적인 요소입니다. 바리스타는 이 과정을 이해하고, 그것이 맛에 어떻게 반영되는지를 파악함으로써, 커피 한 잔에 담긴 복합적인 이야기를 손님에게 전달할 수 있습니다. 그리고 그것이 바로 진정한 커피 전문가로 가는 첫걸음이 될 것입니다.

수확과 가공의 퀄리티 차이

커피 품질을 결정하는 핵심 과정

커피는 단순히 농작물이 아닙니다. 커피는 과학이자 예술이며, 수많은 사람의 손을 거쳐야 비로소 '한 잔의 커피'가 됩니다. 그중에서도 커피의 품질에 가장 직접적으로 영향을 주는 과정은 수확(Harvest)과 가공(Processing)입니다. 아무리 품종이 좋고 산지가 훌륭하더라도, 수확이 부실하거나 가공이 부정확하다면 좋은 커피가 될 수 없습니다. 이 장에서는 커피의 수확 방식과 가공 기술이 어떻게 퀄리티 차이를 만들어내는지를 구체적으로 살펴보겠습니다.

수확의 정확성과 품질

체리의 숙성도

커피체리는 완전히 익은 상태에서 수확될 때 가장 높은 품질을 자랑합니다. 일반적으로 완숙 체리는 선홍색이나 진한 자주색을 띠며, 미숙하거나 과숙한 체리는 풍미의 균형을 해칩니다. 미숙한 체리는 신맛이 날 수 있고, 과숙한 체리는 과발효의 위험이 있으며 쓴맛이 강해질 수 있습니다.

 커피 좀 아는 바리스타 되기

-핸드 피킹(Hand Picking): 가장 이상적인 방식으로, 숙성된 체리만을 손으로 선별하여 수확합니다. 시간이 오래 걸리지만 품질이 우수합니다.

-스트리핑(Strip Picking): 가지 전체를 한 번에 쓸어 담는 방식으로, 빠르고 비용이 저렴하지만 미숙과 과숙이 섞여 퀄리티 저하 가능성이 큽니다.

-기계 수확(Mechanical Harvesting): 대규모 농장에서 사용하는 방식으로, 속도가 빠르지만 지형과 품질에 따라 한계가 있습니다.

..체리 선별

수확 후에도 체리의 선별이 필요합니다. 부유 선별(Flotation) 기법을 사용해 미성숙하거나 결점 있는 체리를 걸러내는 과정이 필수입니다. 체리를 물에 담갔을 때 가벼운 체리는 보통 미성숙이거나 병든 상태입니다.

🍋 가공 방식과 품질 차이

가공 방식은 커피의 성격을 좌우합니다. 단순히 껍질을 벗기는 과정이 아니라, 발효와 건조, 숙성을 포함하는 복합적인 품질 결정 요소입니다.

..수확 직후의 빠른 가공

체리를 수확한 즉시 가공하지 않으면, 발효가 비정상적으로 진행되며 커피의 향미에 부정적인 영향을 미칠 수 있습니다. 수확 후 12시간 이내 가공을 시작하는 것이 이상적입니다.

··**가공 방식 선택**

-워시드 방식: 클린컵과 선명한 산미. 하지만 수질이 좋아야 하고, 발효와 세척의 균형이 중요합니다.

-내추럴 방식: 과일향과 단맛이 강조. 하지만 발효 불균형 시 오프 플레이버 발생.

-허니 방식: 두 방식의 중간 성격. 관리 난이도가 높고 건조 속도 조절이 관건입니다.

··**발효(Fermentation)**

발효는 단순히 점액질을 제거하기 위한 과정이 아니라, 미생물 활동을 통한 향미 형성의 중요한 단계입니다. 발효 시간이 너무 길면 불쾌한 향이 나고, 너무 짧으면 클린컵이 나오지 않습니다. 최근에는 아나에어로빅(무산소 발효), 탄산 침출 등 고급 발효 방식도 사용되고 있습니다.

··**건조(Drying)**

건조는 수분을 10~12% 수준으로 낮추는 과정으로, 향미 보존과 저장성에 결정적입니다.

-천일건조: 자연광과 바람을 이용해 서서히 건조. 향미가 좋지만 날씨에 의존.

-기계건조: 시간 단축 가능. 하지만 과열 시 향미 손상 가능.

-건조 방식에 따라 '컵 프로파일'이 달라짐. 건조가 균일하지 않으면 한 배치 안에서도 맛의 편차가 심해짐.

건조 후에는 탈곡(Hulling), 도정(Polishing), 선별(Sorting), 등급 분류(Grading) 등의 과정이 필요합니다. 또한 보관은 통풍이 잘 되는 장소에서 일정 온도와 습도 아래에서 이루어져야 하며, 이때도 품질 유지에 큰 영향을 미칩니다.

🍋 품질을 지키는 체크포인트

-수확 타이밍: 이른 수확은 산미 과잉, 늦은 수확은 과숙으로 쓴맛 발생.

-이물질 제거: 잎사귀, 가지, 병든 체리 제거.

-클린 워터 사용: 워시드 방식에서 물의 청결도가 향미에 직접적 영향.

-발효 시간: 산지, 고도, 온도에 따라 다르게 설정해야 함.

-건조 균일성: 아프리칸 베드에서 일정 시간마다 뒤집기 필수.

-저장 조건: 직사광선 차단, 습기 방지, 공기 순환 중요.

🍋 수확 및 가공에 따른 맛의 차이 실례

-예가체프 내추럴 vs 예가체프 워시드: 동일 산지, 동일 품종이더라도 내추럴은 과일 향이 강하고, 워시드는 자스민 향과 산뜻한 느낌.

-콜롬비아 핸드피킹 vs 스트리핑: 핸드피킹은 밝고 균형 잡힌 맛, 스트리핑은 쓴맛과 불균형.

-파나마 게이샤 아나에어로빅 발효: 화려한 향미와 복합성으로 고가 경매 낙찰

🍋 바리스타가 이해해야 할 가공 지식

바리스타는 추출 기술뿐 아니라, 원두가 어떻게 수확되고 가공되었는지를 이해하고 있어야 합니다. 그래야만 원두의 특성을 정확히 파악하고, 그에 맞는 레시피를 설정할 수 있습니다.

-가공 방식에 따라 추출 온도, 물의 TDS, 추출 시간, 그라인딩 세팅 등을 조정.

-고객에게 향미의 배경을 설명할 수 있어야 고급 커피 경험을 제공.

🍋 지속가능성과 품질

지속 가능한 커피 생산은 단순히 친환경만이 아닙니다. 효율적이고 위생적인 수확과 가공이 병행될 때, 고품질 커피가 안정적으로 생산됩니다. 최근에는 탄소 중립형 가공 공장, 재사용 가능한 워터 시스템, 노동자 보호와 같은 윤리적 생산이 커피 품질과 직결된다는 인식이 커지고 있습니다.

커피의 품질은 단순히 좋은 나무에서 나온다고 완성되지 않습니다. 그것은 수확하는 손의 정성과, 가공 과정의 섬세함 속에서 비로소 완성됩니다.

바리스타는 커피를 내리는 사람인 동시에, 이 복잡한 여정을 이해하고 손님에게 전달하는 '해설자'이기도 합니다. 수확과 가공의 세계를 이해함으로써, 우리는 단순한 음료를 넘어선 한 잔의 가치를 비로소 제대로 전할 수 있게 됩니다.

로스팅 전 생두의 특징과 결점두 판별법

🍃 좋은 커피는 좋은 생두에서 시작된다

로스팅이 커피의 맛을 결정짓는 핵심 과정이라면, 그 시작은 언제나 생두에서 출발합니다. 커피 생두(Green Bean)는 단순한 원재료가 아니라 커피 한 잔의 가능성을 품고 있는 씨앗입니다. 생두의 품질은 로스팅 후의 결과에 직접적으로 영향을 미치며, 원두의 맛과 향미의 기반을 형성합니다. 바리스타와 로스터가 커피의 퀄리티를 이해하고 평가하려면, 로스팅 전에 생두의 특성과 결점두를 판별할 수 있어야 합니다. 이 장에서는 생두의 기본적인 물리적 특성과 품질을 결정짓는 주요 결점의 유형, 그리고 생두 평가의 기준에 대해 심층적으로 다룹니다.

생두의 기본적인 특징

커피 생두는 커피체리 안에 들어 있는 씨앗으로, 일반적으로 두 개의 씨앗이 서로 평평한 면을 마주 보고 들어 있습니다. 로스팅 전의 생두는 푸르스름하거나 회녹색을 띠며, 향은 풀냄새와 비슷한 생기 있는 냄새가 납니다.

-색상: 일반적으로 연한 녹색~청회색이며, 산지와 품종, 가공 방식에 따라 차이가 납니다. 색이 너무 노랗거나 얼룩져 있다면 결점일 가능성이 있습니다.

-밀도: 밀도가 높을수록 조직이 단단하고, 로스팅 시 열을 골고루 받아 향미가 좋게 발현됩니다.

-수분함량: 생두는 보통 10~12%의 수분을 포함하고 있어야 이상적이며, 이 수치가 지나치게 낮거나 높으면 향미 손실 및 저장성 문제를 일으킬 수 있습니다.

-크기와 균일성: 균일한 크기의 생두는 로스팅 시 열전달이 고르게 이루어져 품질이 안정됩니다. 일반적으로 스크린 사이즈(screen size)로 분류되며, 숫자가 높을수록 큰 생두를 의미합니다.

로스팅 전 품질이 좋은 커피 생두와 결점두

생두

결점두

⸱⸱생두 품질 평가의 기준: SCA 기준

SCA(Specialty Coffee Association)는 생두의 품질을 평가하기 위한 국제 표준을 제공합니다. 이 기준은 350g의 생두를 기준으로 결점두의 개수와 유형을 측정하며, 생두를 다음과 같이 분류합니다.

-스페셜티 등급: 0~5개의 결점두 / 350g 기준

-프리미엄 등급: 6~8개 결점두

-커머셜 등급: 9~23개 결점두

-하급 커피: 24개 이상

이 외에도 물리적 결함 외에 향미 평가(커핑)까지 함께 고려하여 최종 등급이 매겨집니다.

··결점두(Defect Bean)란 무엇인가?

결점두란 커피 품질을 저해하는 모든 종류의 생두를 의미하며, 결점은 크게 두 가지로 나뉩니다.

-프라이머리 디펙트(Primary Defects): 심각한 결함으로 1개의 결점만 있어도 품질이 크게 저하됨.

-세컨더리 디펙트(Secondary Defects): 비교적 경미한 결점이나, 다수 존재 시 향미에 영향을 미침.

- **블랙 빈(Black Bean)**

  −완전히 검게 변색된 생두로, 발효가 과도하거나 병해충 피해로 인해 부패한 경우 발생.

  −로스팅 시 탄맛이 강하게 나며 전체 배치의 향미를 해친다.

- **사워 빈(Sour Bean)**

  −발효가 제대로 이루어지지 않아 냄새와 산미가 비정상적으로 강해진 생두.

  −커피에서 쿰쿰하거나 풋내, 신맛이 강하게 나게 됨.

- **쉘 빈(Shell Bean)**

  −생두가 두껍지 않고 안이 비어 있는 듯한 얇은 껍질 형태로 발달한 결점.

  −로스팅 시 타거나, 고르게 익지 않음.

- **브로큰 빈(Broken Bean)**

  −파손되거나 쪼개진 생두로, 수확/선별/운송 중의 물리적 손상으로 발생.

  −로스팅 시 열 균형을 방해하며, 블렌딩 시 불균형을 초래함.

- **퀘이커(Quaker)**

  −익지 않은 체리에서 유래한 덜 익은 생두로, 로스팅해도 색이 밝거나 노랗게 남음.

  −로스팅 후 골라내야 하며, 향미에 악영향을 미침.

- **몰디 빈(Moldy Bean)**

  −저장 상태가 나빠 곰팡이가 핀 생두로, 독특한 흙냄새 또는 곰팡냄새를 유발함.

  −건강에도 해로우므로 즉시 폐기해야 함.

- **인섹트 데미지드 빈(Insect Damaged Bean)**

  −곤충이 뚫고 간 구멍이 보이며, 내부가 훼손된 경우가 많음.

  −향미 손상뿐 아니라 위생 문제도 발생.

- **페이디드 빈(Faded Bean)**

  −수분 손실이 심하거나, 오래된 생두에서 나타나는 결점으로 색이 흐리거나 퇴색됨.

  −향미가 약하고, 커피가 낡은 맛을 내게 됨.

- **포린 매터(Foreign Matter)**

  −이물질(돌, 나무, 잎사귀 등)이 섞여 있는 경우로, 선별이 제대로 되지 않은 상태.

  −로스팅 기계에 손상을 줄 수 있어 사전 제거가 필수.

-육안 검사: 색상, 크기, 외형을 육안으로 살펴 결점두 비율을 추정.

-체크샘플 컵핑: 의심되는 생두 배치는 로스팅 후 직접 커핑하여 향미 확인.

-수분측정기 사용: 생두의 수분 함량이 10~12% 범위를 벗어나면 보관성 저하 가능성이 있음.

-밀도 테스트: 밀도계 또는 수조를 활용한 간이 밀도 측정으로 결점 가능성 확인.

··가공 방식에 따른 생두 품질의 차이

-내추럴 가공 생두: 색이 다소 불균일할 수 있으며, 표면이 거칠고 진한 향을 가질 수 있음.

-워시드 생두: 색상이 밝고 고르게 유지됨. 고른 크기와 밀도가 장점.

-허니 프로세싱 생두: 점액질 잔존 여부에 따라 약간의 끈적임이 남아 있을 수 있음.

··생두 보관 및 취급 시 주의사항

-밀폐된 공간에서, 직사광선과 습기를 피해야 함.

-온도는 18~20도, 상대습도 60% 이하 유지.

-3개월 이상 보관 시 정기적인 수분 측정과 향미 검토 필요.

··생두 선택이 바리스타에게 중요한 이유

바리스타가 사용하는 원두가 어디서 왔는지, 어떤 품질인지 이해하는 것은 단순한 정보 전달을 넘어 커피를 존중하는 태도입니다. 더불어, 로스터와의 커뮤니케이션에서도 생두에 대한 기본 지식은 전문성을 높여줍니다. 예를 들어 "이번에 받은 생두는 결점이 많고 퀘이커가 많았어요. 혹시 수확 시기에 문제가 있었을까요?"와 같은 질문을 던질 수 있어야 진정한 커피 전문가로 인정받을 수 있습니다.

생두는 커피의 본질입니다. 결점두 하나하나에는 재배 환경, 수확 타이밍, 가공 과정, 저장 방식 등 수많은 변수들이 담겨 있습니다. 이 변수를 이해하고 읽어낼 줄 아는 바리스타는 커피를 단순히 추출하는 사람을 넘어, 한 잔의 시작과 끝을 아우르는 진정한 장인이라 할 수 있습니다.

3장

추출의 기술

추출 5요소, 분쇄도, 수율, 온도, 시간, 투입량

커피 맛은 단순히 원두의 품질과 로스팅 방식에 의해 결정되는 것이 아닙니다. 커피의 진정한 풍미는 정확한 추출을 통해 발현됩니다. 추출은 원두가 가진 향미 성분을 얼마나 적절하게 끌어낼 수 있느냐를 결정하는 과정입니다. 바리스타가 커피를 제대로 이해하고 최상의 맛을 만들어내기 위해 반드시 숙지해야 하는 다섯 가지 핵심 요소, 즉 분쇄도, 수율, 온도, 시간, 투입량을 깊이 있게 다루겠습니다.

분쇄도(Grind Size)

분쇄도는 커피 추출의 성패를 좌우하는 가장 기본적인 요소 중 하나입니다. 분쇄도가 곧 원두의 입자 크기를 결정하며, 이는 물이 커피 입자 사이를 통과하며 얼마나 빠르게 혹은 느리게 맛과 향미를 추출할지를 결정합니다.

-분쇄도가 너무 굵으면 물이 빠르게 통과하여 추출 부족(Under-extraction)이 발생합니다. 이때 커피는 신맛이 강하고 밋밋하며 향미가 제대로 표현되지 않습니다.

-반대로 분쇄도가 너무 가늘면 물이 통과하기 어려워 과다 추출(Over-extraction)이 일어나 쓴맛, 떫은맛이 강하게 나타납니다.

추출 방법에 따라 최적의 분쇄도가 달라지는데, 예를 들어 에스프레소는 미세한 입자를 필요로 하고, 프렌치프레스는 굵은 입자를 사용합니다.

🍋 수율(Extraction Yield)

수율은 원두에서 얼마나 많은 성분이 물에 녹아 커피 음료에 포함되었는지를 나타내는 비율입니다. 일반적으로 18~22%의 수율이 이상적으로 간주되며, 이 범위 내에서 커피는 균형 잡힌 맛과 풍부한 향미를 발현합니다.

-수율이 낮으면(18% 이하) 커피의 성분이 충분히 추출되지 않아 밍밍하거나 지나치게 산미가 강할 수 있습니다.

-수율이 높으면(22% 이상) 원두의 성분이 지나치게 많이 추출되어 쓴맛과 떫은맛이 두드러지고 복합적인 향미가 손실됩니다.

수율은 TDS(Total Dissolved Solids, 총 용존 고형물)를 측정하여 정확하게 관리할 수 있으며, 굴절계(refractometer)를 사용하여 정밀하게 수율을 확인할 수 있습니다.

🍋 온도(Temperature)

추출에 사용되는 물의 온도는 커피의 맛과 향미에 직접적인 영향을 미칩니다. 이상적인 추출 온도는 일반적으로 섭씨 90~96도로 설정됩니다.

-낮은 온도(90도 이하)는 산미를 부각시키고 단맛과 복합성을 감소시킬 수 있습니다.

-높은 온도(96도 이상)는 과다 추출로 이어져 쓴맛이 강해지고 섬세한 향미가 사라질 수 있습니다.

바리스타는 원두의 로스팅 정도에 따라 물의 온도를 조정하는데, 일반적으로 라이트 로스트는 높은 온도로, 다크 로스트는 낮은 온도로 추출하여 최상의 맛을 끌어냅니다.

🍋 시간(Time)

추출 시간은 물이 원두와 접촉하며 맛과 향미를 끌어내는 지속 시간을 의미합니다. 최적의 추출 시간은 사용하는 추출 방식과 분쇄도에 따라 다르며, 일반적인 가이드라인은 다음과 같습니다. 단, 도징량에 따라 시간은 차이가 있을 수 있습니다.

-에스프레소: 20~30초

-핸드드립: 2~4분

-프렌치프레스: 약 4분

추출 시간이 짧으면 커피가 덜 익고 미숙한 맛을 내고, 길면 과다 추출로 인해 맛이 쓰고 텁텁해질 수 있습니다. 바리스타는 정확한 시간 관리를 위해 타이머를 사용하는 것이 필수적입니다.

☕ 투입량(Dose)

투입량은 커피 추출 시 사용하는 원두의 양을 의미하며, 에스프레소 기준 보통 18~20g이 일반적입니다.

-투입량이 많으면 강한 바디감과 높은 농도를 가지지만, 과다한 쓴맛을 유발할 수 있습니다.

-투입량이 적으면 부드럽고 가벼운 커피가 만들어지지만, 맛이 희미하거나 약할 수 있습니다.

바리스타는 메뉴에 따라 정확한 투입량을 계량하고, 이를 바탕으로 추출 레시피를 구성합니다.

추출의 다섯 가지 요소는 상호 밀접하게 연결되어 있어 어느 하나만 변해도 커피의 맛과 품질이 크게 달라집니다. 훌륭한 바리스타는 이 다섯 가지 요소를 자유자재로 조율하여 커피의 풍미를 극대화합니다. 꾸준한 연습과 기록, 그리고 평가를 통해 자신만의 완벽한 추출 방식을 찾는 것이 바로 바리스타가 걸어가야 할 전문성의 길입니다. 이 장을 통해 커피의 맛을 좌우하는 핵심 요소를 완벽히 이해하고, 현장에서 바로 적용할 수 있기를 바랍니다.

에스프레소 추출의 흐름과 변수 조절

한 잔의 균형을 만드는 과학과 감각

에스프레소는 커피 추출의 정수이자, 바리스타 기술의 집약체입니다. 단 25~30초의 짧은 시간 안에 커피의 모든 향미를 농축해서 담아내는 이 방식은 그만큼 민감하고 복합적인 변수들의 조율을 필요로 합니다. 이 장에서는 에스프레소 추출의 흐름을 처음부터 끝까지 구조적으로 분석하고, 바리스타가 반드시 이해해야 할 각 추출 변수와 조절 방법에 대해 심도 있게 다룹니다.

에스프레소 추출의 기본 구조

에스프레소는 미세하게 분쇄된 커피를 포터필터에 담아, 9기압 전후의 고압으로 90~96도 사이의 뜨거운 물을 빠르게 통과시켜 농축된 커피액을 추출하는 방식입니다. 이 과정은 단순해 보이지만, 실제로는 수많은 변수들이 복합적으로 작용하여 최종적인 한 잔의 품질을 결정합니다.

추출 흐름은 다음과 같은 단계로 나뉩니다.

원두 계량 → 분쇄 → 도징(dosing) → 탬핑(tamping) → 추출 시작 → 프리인퓨전(pre-infusion) → 추출 → 종료 → 평가 및 조정

분쇄도는 에스프레소에서 가장 민감한 변수 중 하나입니다. 커피 입자가 작아질수록 물은 더 천천히 통과하며, 추출 시간이 길어지고 수율이 높아집니다. 반대로 굵은 분쇄는 물이 빠르게 흘러 수율이 낮아집니다.

바리스타는 분쇄도를 조절해 수율을 안정화해야 하며, 일반적으로 다음과 같은 방식으로 접근합니다.

-맛이 너무 시고 산미가 강하면 → 더 가늘게 분쇄(추출 시간 증가).

-맛이 너무 쓴 경우 → 더 굵게 분쇄(추출 시간 감소).

··도징(Dosing): 투입량과 바스켓 관리

에스프레소의 도징량은 보통 18~20g이 표준이며, 사용하는 바스켓에 따라 최적 투입량이 다릅니다. 바스켓 용량보다 적거나 많게 담으면 채널링(channeling)이 발생하거나 크레마가 제대로 형성되지 않습니다.

-플랫 탑 바스켓: 일정한 높이에서 탬핑 가능.

-리세스 바스켓: 깊이감 있어 도징량 변동에 민감.

정확한 도징을 위해서는 저울을 사용한 그람 수 계량이 필수이며, 매 샷마다 일관된 계량을 유지하는 것이 중요합니다.

··탬핑(Tamping): 수평성과 압력의 균형

탬핑은 분쇄된 커피를 평평하게 압축하는 과정으로, 추출 압력을 일정하게 만들기 위해 반드시 필요합니다. 이상적인 탬핑은 다음과 같은 조건을 만족해야 합니다.

-수평이어야 함(물의 흐름을 균등하게 만듦).

-일정한 압력(약 15~20kgf 정도).

탬핑이 비뚤어지거나 강약이 들쭉날쭉하면, 추출 시 물이 약한 부분만 통과하는 채널링 현상이 발생하고, 이는 커피의 맛을 불균일하게 만듭니다.

··프리인퓨전(Pre-infusion): 추출 전 예열과 팽창

프리인퓨전은 본격적인 추출 전, 저압의 물을 커피 파우더에 먼저 적시는 과정입니다. 이 과정은 다음과 같은 효과를 냅니다.

-커피 파우더 전체를 균일하게 팽창시킴.

-탬핑에 의해 생긴 미세한 틈을 메움.

-채널링 예방 및 향미의 안정적 표현 유도.

기계에 따라 프리인퓨전 시간은 2~6초 정도로 설정할 수 있으며, 라이트 로스트 원두나 밀도가 높은 생두일수록 긴 프리인퓨전이 필요할 수 있습니다.

··추출 시간(Extraction Time)과 골든 레시피

에스프레소는 보통 25~30초 내외로 추출되며, 이 시간은 시작부터 종료까지 커피가 컵에 떨어지는 전체 시간을 의미합니다. 이 범위 내에서 다음과 같은 레시피가 일반적입니다.

-도징 18g / 수율 36g(1:2 비율) / 시간 27~30초

-더 짧은 추출(1:1.5 비율) = 리스트레토

-더 긴 추출(1:2.5~3 비율) = 룽고

시간이 너무 짧으면 산미 중심의 미완성된 맛이, 너무 길면 과잉 추출로 떫고 쓴맛이 주도하게 됩니다.

온도는 커피의 용해도에 직접적으로 영향을 줍니다.

-90도 미만: 추출량 감소, 신맛 증가.

-94도 이상: 추출량 증가, 쓴맛 증가.

일반적으로 라이트 로스트는 93~94도, 미디엄은 92도, 다크 로스트는 90~91도 정도로 추출합니다. 추출 압력은 보통 9기압이 표준이며, 일부 장비에서는 7기압에서 11기압 사이로 조절 가능합니다. 압력이 높으면 바디감이 증가하지만, 미세 분쇄 시 추출이 너무 느려질 수 있습니다.

··수율과 TDS의 계산

수율(Extraction Yield)은 다음 공식으로 계산됩니다.

-수율(%) = (TDS x 추출량) / 도징량

예: TDS 9%, 추출량 36g, 도징 18g → 수율 = (9 x 36)/18 = 18%

이 계산을 통해 이상적인 18~22% 범위에 도달했는지 판단할 수 있으며, 수율이 적정 범위를 벗어나면 맛 조절이 필요합니다.

··샷의 평가 기준: 비주얼, 향, 맛

샷이 잘 나왔는지 확인하려면 다음을 살펴야 합니다.

-크레마: 풍부하고 밀도 있으며 색이 호박빛~적갈색이면 이상적.

-향미: 추출 직후부터 퍼지는 향의 풍성함과 복합성.

-테이스팅: 혀 앞단에서 단맛, 측면에서 산미, 후미에서 쓴맛 확인.

좋은 에스프레소는 단맛과 산미, 바디감의 균형이 조화를 이루며, 혀에 남는 여운이 길고 깨끗해야 합니다.

-샷이 너무 시고 얇다 → 분쇄도를 더 가늘게, 도징량 증가, 온도 증가.

-샷이 너무 쓰고 무겁다 → 분쇄도를 더 굵게, 도징량 감소, 온도 감소.

-채널링이 보인다 → 탬핑 재점검, 바스켓 변경, 도징 방식 변경.

바리스타는 맛의 이상 징후를 감각적으로 포착하고, 그 원인을 논리적으로 분석하여 해결하는 능력을 갖추어야 합니다.

매장의 운영에서 가장 중요한 것은 '일관된 맛'입니다. 이를 위해 바리스타는 다음을 실행해야 합니다.

-매일 도징량, 수율, 시간 기록 유지.

-환경 변화(온도, 습도)에 따른 변수 조절.

-한 잔 추출 후, 2~3회 반복 테스트로 안정화 체크.

-수시로 그룹헤드 청소 및 바스켓 상태 점검.

최근에는 압력과 온도를 추출 중에 프로파일링하여 보다 섬세한 추출을 시도하는 장비도 많아졌습니다. 대표적인 장비로는 라 마르조코, 슬레이어, 산레모 등이 있으며, 이 장비들은 다음과 같은 기능을 제공합니다.

-추출 초기엔 낮은 압력(2~3기압) → 후반부 고압(9기압).

-온도 상승 및 하강 커브 조절 가능.

이를 통해 원두의 산미를 강조하거나 바디감을 증가시키는 등의 섬세한 표현이 가능해집니다. 에스프레소 추출은 물리적 정확성과 감각적 판단의 조화입니다. 이 복합적인 프로세스를 마스터하려면 수많은 테스트와 반복, 그리고 미묘한 차이에 대한 예민한 감각이 필요합니다. 궁극적으로 바리스타는 '정확한 추출'이라는 기술 위에 '자신만의 해석'을 더함으로써, 한 잔의 커피를 예술로 승화시킬 수 있습니다. 이 장에서 제시한 변수들을 이해하고, 그것을 토대로 나만의 추출 시스템을 개발해 보세요. 진정한 커피의 세계가 그 안에 열려 있을 것입니다.

📍 채널링(channeling)은

물이 고르게 퍼지지 않고 특정 경로로만 빠르게 흘러나가는 현상을 말해요. 이렇게 되면 어떤 커피 가루는 과추출되어 쓴맛이 강해지고, 어떤 부분은 거의 추출되지 않아 신맛이나 밋밋한 맛이 생기게 돼요.

주로 탬핑이 고르지 않거나, 분쇄가 뭉쳐 있거나, 포터필터 내에서 도징이 균일하지 않을 때 발생합니다. 결과적으로 한 잔의 맛이 불균형해지고, 향미 손실이 생기게 되는 거죠. 그래서 바리스타는 도징 → 탬핑 → 프리인퓨전까지 모든 과정에서 균형과 일관성을 잡는 게 중요해요!

📍 TDS(Total Dissolved Solids)는

'총 용존 고형물'이라는 뜻으로, 쉽게 말하면 커피 속에 물에 녹아 들어간 모든 성분의 농도를 퍼센트(%)로 나타낸 거예요!
예를 들어, TDS 1.30%라면 추출된 커피 한 잔(물 100g) 안에 커피 성분이 1.3g 들어 있다는 뜻입니다.

- TDS는 굴절계(리프랙토미터)로 측정하며, 바리스타는 이 수치를 통해 [✔추출 농도 ✔맛의 진하기 ✔수율 계산]을 정확히 파악할 수 있어요.
- TDS가 높을수록 커피가 진하고 무겁게 느껴지고, TDS가 낮으면 연하고 가볍게 느껴져요!

브루잉 도구별 추출 원리, V60, 칼리타, 고노 등

브루잉 커피는 커피 본연의 향미와 바리스타의 개성이 가장 직접적으로 표현되는 추출 방식입니다. 그 중심에는 다양한 드리퍼와 도구들이 있으며, 각 도구는 구조와 디자인에 따라 물의 흐름, 추출 속도, 향미에 큰 차이를 만들어냅니다. 이 장에서는 브루잉 커피의 대표적인 도구인 V60, 칼리타 웨이브, 고노 드리퍼의 추출 원리와 구조적 특징을 비교 분석하고, 바리스타가 도구에 맞는 레시피를 설계하는 데 필요한 실질적인 지식을 제공합니다.

브루잉 커피의 기본 원리

브루잉 커피는 중력의 힘을 이용해 뜨거운 물을 커피 가루 위에 붓고, 필터를 통해 천천히 추출해내는 방식입니다. 이는 침출식과는 달리 물이 커피층을 통과하면서 용해 성분을 가져가는 여과식(Percolation) 추출 방식입니다. 브루잉에서 가장 중요한 요소는 다음과 같습니다.

-분쇄도: 입자 크기는 추출 속도와 접촉 면적을 결정.
-물줄기와 붓는 방식: 추출 속도와 균일성에 직접적인 영향.

-물의 온도: 추출 성분의 종류와 비율에 영향.

-드리퍼의 구조: 배수구(홀)의 수와 모양, 리브 디자인이 물 흐름을 제어.

🍋 V60 드리퍼: 자유로운 추출, 민감한 변수

V60 드리퍼

V60은 일본의 하리오(Hario)사에서 개발한 대표적인 드리퍼로, 전 세계 바리스타 대회에서 널리 사용되는 도구입니다. 추출자의 기술이 직접적으로 반영되는 도구로, 다양한 향미의 표현이 가능한 것이 특징입니다.

-형태: 원뿔형 드리퍼, 한 개의 큰 중심 배수구.

-리브 구조: 나선형 리브로 필터와 드리퍼 사이에 공간 확보.

-필터: 전용 종이 필터 사용, 물 흐름이 자유로움.

··· 추출 원리 및 특징

-추출 속도를 추출자가 직접 제어할 수 있음(붓는 속도와 물줄기 패턴).

-추출이 빠르고 투명한 향미가 잘 표현됨.

-단, 추출자가 테크닉을 잘못 사용할 경우 쉽게 언더·오버 익스트랙션이 발생할 수 있음.

-커피 15g / 물 250ml / 92~94도 / 2분 30초 추출.

-1차 30g으로 30초 블루밍 후, 3회 분할로 나눠 붓기.

-밝은 산미와 복합 향미가 돋보이는 워시드 아라비카(예: 에티오피아, 케냐).

🍋 칼리타 웨이브(Kalita Wave): 안정된 추출과 밸런스

칼리타 웨이브

칼리타 웨이브는 동일한 일본 브랜드 칼리타(Kalita)사에서 제작한 드리퍼로, 일관성 있는 추출을 원하는 바리스타에게 적합한 도구입니다.

-형태: 평평한 바닥의 플랫베드(flat-bed) 디자인.

-배수구: 바닥에 작은 홀 3개로 구성.

-필터: 주름진 전용 필터가 드리퍼 벽과 접촉하지 않음(열 손실 최소화).

··**추출 원리 및 특징**

-물 흐름이 구조적으로 제어되어 추출 속도가 일정함.

-바닥이 넓고 얕아 전체 커피층이 균일하게 추출됨.

-클린컵이 좋고 바디감이 풍부하며 밸런스가 안정적임.

··**추천 레시피(기본)**

-커피 18g / 물 270ml / 92도 / 2분 45초 추출.

-블루밍 40g(30초), 2~3회 나눠 부어 총량 도달.

··**칼리타 웨이브에 적합한 원두**

-단맛과 균형감이 중요한 블렌드나 내추럴 프로세스 커피(예: 브라질, 과테말라).

🥥 고노 드리퍼(KONO): 단맛 중심의 추출, 일본식 감성

고노 드리퍼

고노 드리퍼는 1925년부터 이어져 온 일본 고노(KONO)사가 개발한 전통적인 도구로, 단맛 중심의 추출을 특징으로 합니다.

-형태: V60처럼 원뿔형이나, 드리퍼 하단의 리브가 절반까지만 존재.

-배수구: 작은 하나의 중앙 홀.

-필터: 전용 종이 필터 또는 일반 원뿔형 필터 사용 가능.

··추출 원리 및 특징

-하단부의 리브 부재로 필터가 밀착되어 물 흐름이 느림.

-장시간의 컨택타임으로 추출 시간 증가.

-단맛과 바디감이 강조되며 부드러운 텍스처 형성.

··추천 레시피(기본)

-커피 16g / 물 240ml / 93도 / 3분 15초 추출.

-블루밍 후 3~4회 나눠 부으며 시간과 물줄기 조절 중요.

··고노 드리퍼와 어울리는 원두

-부드럽고 단맛 중심의 커피(예: 중남미산 허니 프로세스, 미디엄 로스트 블렌드).

도구별 차이점 요약 비교

도구명	구조	배수구 수	물 흐름 제어	추출 난이도	맛 특성
V60	원뿔형	1개 (넓음)	추출자 의존	높음	산미 중심, 투명한 향미
칼리타	플랫베드형	3개 (작음)	구조적 제어	중간	밸런스, 바디감 강조
고노	원뿔형 + 리브 절반	1개 (작음)	느린 배출	낮음~중간	단맛 강조, 부드러움

브루잉 도구 선택 기준

바리스타는 다음 기준을 고려해 도구를 선택할 수 있습니다.

-원두의 향미 특성: 산미 강조 vs 단맛 강조 vs 바디 강조.

-추출자의 경험과 숙련도: 자유로운 제어를 원하는가? vs 안정적인 결과를 원하는가?

-매장의 커피 스타일: 메뉴에 따라 바디 중심 혹은 향미 중심 도구 선택.

🍃 물줄기와 주전자 선택도 중요하다

브루잉 도구와 함께 사용하는 드립 포트(구스넥 케틀)의 종류도 추출에 큰 영향을 줍니다. 물줄기의 두께, 속도, 위치는 추출 속도와 성분 용출에 결정적인 영향을 주기 때문입니다.

-날카로운 주입구: 얇고 섬세한 물줄기 제어에 유리(V60에 적합).

-넓은 주입구: 많은 양을 빠르게 부을 때 유리(칼리타나 고노에 적합).

브루잉 도구는 단순한 추출 기구를 넘어, 커피 맛을 디자인하는 '도화지'와도 같습니다. 구조적 차이와 원리, 그리고 그에 따른 추출 메커니즘을 정확히 이해해야, 바리스타는 자신이 의도한 맛을 만들어낼 수 있습니다. 도구를 이해하고, 원두의 개성과 조화를 이루는 레시피를 스스로 설계하는 것-그것이 브루잉 커피의 진정한 매력입니다.

이 장을 통해 여러분이 각 도구의 장단점을 이해하고, 자신만의 스타일과 커피 철학을 담은 추출을 시도해보기를 바랍니다.

레시피 튜닝, 내 입맛에 맞는 커피 만들기

커피는 과학이면서 동시에 예술입니다. 동일한 원두를 사용하더라도 분쇄도, 물의 온도, 추출 시간, 투입량 등의 변수에 따라 전혀 다른 맛의 커피가 탄생하기 때문입니다. 이 장에서는 커피의 맛을 구성하는 요소들을 바탕으로 자신만의 레시피를 설계하고 조정하는 방법, 즉 레시피 튜닝에 대해 체계적이고 실전적인 접근을 소개합니다. 바리스타뿐 아니라 홈카페를 즐기는 커피 애호가에게도 반드시 필요한 내용입니다.

레시피 튜닝의 목적

레시피 튜닝이란 추출 과정에서 사용하는 변수들을 조절하여 커피의 맛을 원하는 방향으로 설계하는 작업입니다. 이는 추출 레시피를 하나의 '맛의 공식'으로 보고, 이를 입맛과 원두의 특성에 따라 최적화하는 과정입니다. 레시피 튜닝의 핵심 목적은 다음과 같습니다.

-개인 혹은 고객의 취향에 맞춘 맞춤형 커피 제공.

-원두의 개성을 최대한 끌어내기.

-맛의 일관성과 반복성 확보.

🍋 커피 맛의 3요소: 산미, 단맛, 쓴맛

커피 맛은 기본적으로 산미, 단맛, 쓴맛이라는 세 가지 요소의 조화로 구성됩니다. 이 세 요소의 밸런스를 조정하는 것이 레시피 튜닝의 핵심입니다.

-산미(Acidity): 산뜻함, 상큼함을 주며 주로 라이트 로스트와 워시드 원두에서 강조됨.

-단맛(Sweetness): 원두의 당 성분이 로스팅과 추출에서 적절히 추출되었을 때 나타남.

-쓴맛(Bitterness): 카페인 및 과추출에서 기인하며, 깊은 바디와 여운을 줄 수도 있음.

🍋 변수별 맛 조절 공식

·· 분쇄도

-굵게 → 빠른 추출, 언더 익스트랙션, 산미 강조, 얇은 바디.

-가늘게 → 느린 추출, 오버 익스트랙션, 쓴맛 강조, 풍부한 바디.

·· 물의 온도

-낮은 온도(88~91도) → 부드럽고 산미 강조.

-높은 온도(93~96도) → 단맛, 바디 증가, 추출량 증가.

·· 투입량(도징)

-투입량 증가 → 진한 농도, 바디감 증가, 강한 맛.

-투입량 감소 → 연한 농도, 깔끔한 맛.

·· 물의 양

-물의 양이 많을수록 추출 수율은 증가, 하지만 농도는 낮아짐.

·· 추출 시간

-짧은 시간(빠른 추출) → 산미 강조, 부드럽고 가벼움.

-긴 시간(느린 추출) → 쓴맛 증가, 깊은 바디감.

상황별 레시피 튜닝 예시

·· 산미가 너무 강할 때

-분쇄도를 미세하고 가늘게 조절.

-온도를 1~2도 올림.

-추출 시간을 늘려 더 많은 단맛과 바디를 끌어냄.

·· 쓴맛이 강할 때

-분쇄도를 약간 굵게 변경.

-온도를 낮춰 추출 성분 용출을 줄임.

-추출 시간을 줄여 과다 추출 방지.

  -투입량을 늘려 농도를 강화.

  -분쇄도를 조금 가늘게 하여 추출량 증가.

  -추출 시간을 늘려 복합성 확보.

🍋 브루잉 방식별 레시피 튜닝 포인트

·· V60

  -물줄기와 붓는 방식에 따른 맛 변화 큼.

  -회전형 붓기 → 균일 추출, 산미 표현.

  -중심 붓기 → 집중 추출, 바디 강조.

·· 칼리타 웨이브

  -물줄기의 강도보다 시간 분배가 중요.

  -한 번에 많이 붓기보다는 천천히 다회 붓기 추천.

·· 프렌치프레스

  -침출식 방식이므로 추출 시간과 물 온도가 핵심.

  -과다 추출 방지를 위해 4분 내외 권장.

·· 에어로프레스

  -다양한 레시피 적용 가능(정방향, 역방향 등).

-짧은 추출(1분) vs 긴 침출(3분)의 차이 분석.

·· 에스프레소

-수율(TDS), 투입량, 추출 시간의 정밀한 상호작용 필요.

-TDS 측정기를 통한 과학적 튜닝 가능.

🍃 레시피 기록의 중요성

레시피 튜닝은 반복과 기록을 통해 완성됩니다. 추출 후 다음 요소들을 기록해야 합니다.

-사용한 원두 정보(산지, 가공, 로스팅).

-도징량 / 물의 온도 / 분쇄도 / 추출 시간 / 총 추출량.

-테이스팅 노트 및 평점.

이를 통해 시간이 지나도 동일한 맛을 재현할 수 있으며, 팀원 간 커뮤니케이션도 원활해집니다.

🍃 고객 맞춤형 레시피 설계

매장에서는 다음과 같은 고객 유형에 따라 레시피를 조정할 수 있습니다.

-산미 선호 고객 → 라이트 로스트 / 워시드 / 빠른 추출 / 높은 온도.

-바디감 선호 고객 → 내추럴 / 중배전 / 느린 추출 / 낮은 온도.

-깔끔한 맛 선호 고객 → 워시드 / 중간 배전 / 빠르고 균일한 추출.

바리스타는 고객의 피드백을 메모하고, 그에 맞는 레시피를 추천해줄 수 있어야 합니다.

🍋 원두 성격에 따른 튜닝 전략

··에티오피아 내추럴

-분쇄도는 약간 굵게, 추출 시간은 짧게

-강한 산미와 과일향을 살리는 방식.

··브라질 내추럴

-추출 시간 늘려 바디와 단맛 강조.

-중심 위주로 천천히 물 붓기.

··콜롬비아 워시드

-중간 분쇄도 / 92도 / 2분 30초 정도 추출.

-산미와 단맛의 밸런스를 추구.

🍋 실전 튜닝 예제(V60 기준)

항목	A 레시피 (산미 중심)	B 레시피 (밸런스 중심)	C 레시피 (단맛 중심)
커피	15g	16g	17g
물	240ml	260ml	240ml
온도	94도	92도	90도
분쇄	중간	중간	조금 가늘게
추출 시간	2:15	2:45	3:10

레시피 튜닝은 커피의 무한한 가능성을 실현하는 도구입니다. 단지 정해진 레시피를 반복하는 것이 아니라, 원두의 특성과 마시는 이의 취향, 상황에 따라 유연하게 조정할 수 있는 능력, 그것이 진정한 바리스타의 역량입니다. 반복하고 기록하며 비교하는 과정을 통해, 여러분도 자신만의 완벽한 커피 공식에 다가갈 수 있습니다. 이 장이 여러분의 커피 여정에 실질적인 도움이 되기를 바랍니다.

추출 실패 시 원인 분석법

바리스타에게 가장 필요한 능력 중 하나는 바로 문제 해결력입니다. 아무리 좋은 원두와 장비를 갖췄다 하더라도, 실제 추출 과정에서 의도한 맛이 나오지 않는 경우는 매우 흔합니다. 이 장에서는 브루잉과 에스프레소 추출 모두에서 발생할 수 있는 다양한 실패 유형을 소개하고, 그 원인을 논리적으로 분석하여 해결하는 방법을 제시합니다. 이를 통해 바리스타는 정확한 진단과 빠른 대응이 가능한 전문성을 갖추게 됩니다.

추출 실패란 무엇인가?

추출 실패는 단순히 맛이 마음에 들지 않는다는 주관적 기준을 넘어서, 원두가 지닌 향미를 효과적으로 끌어내지 못했거나, 의도한 레시피와 다른 결과물이 나왔을 때를 의미합니다. 대표적인 실패 유형은 다음과 같습니다.

-맛이 지나치게 시큼하다(과도한 산미, 밋밋한 맛).

-쓴맛이 강하게 느껴진다(떫은맛, 타버린 느낌).

-맛이 너무 연하거나 밋밋하다(바디감 부족, 캐릭터 없음).

-한 잔의 맛이 매번 달라진다(일관성 부족).

-크레마나 외형이 불안정하다(에스프레소 기준).

🍋 시큼하거나 미완성된 맛(Under-extraction)

이 경우는 원두 성분이 충분히 용출되지 않은 상황으로, 추출이 너무 빠르게 끝났거나 분쇄도가 너무 굵은 경우가 많습니다. 주요 원인과 해결책은 다음과 같습니다.

·· 원인

-분쇄도가 너무 굵음.

-추출 시간이 짧음.

-투입량이 너무 적음.

-물 온도가 낮음.

-커피층이 고르지 않아 물이 한쪽으로만 흐름(채널링).

·· 해결책

-분쇄도를 미세하게 가늘게 조정.

-추출 시간을 늘리기(붓는 속도 줄이기).

-추출 온도를 1~2도 올리기.

-탬핑과 도징 방식 점검(특히 에스프레소).

🍋 쓴맛, 떫은맛이 강할 때(Over-extraction)

과도하게 추출된 커피는 원두의 섬세한 성분을 넘어 탄화 성분까지 우러

커피 좀 아는 바리스타 되기

나오게 되며, 이로 인해 텁텁하고 불쾌한 맛이 날 수 있습니다.

··원인

-분쇄도가 너무 가늘다.

-추출 시간이 너무 길다.

-물 온도가 너무 높다.

-원두의 양이 너무 많다(도징 과다).

··해결책

-분쇄도를 조금 굵게 조정.

-추출 시간을 줄임(붓는 속도 증가 또는 물량 조절).

-물 온도를 1~2도 낮춤.

-원두 투입량 감소.

맛이 밋밋하고 인상 깊지 않다

커피가 너무 연하거나, 맛의 윤곽이 뚜렷하지 않은 경우는 주로 레시피의 밸런스 문제 혹은 원두의 개성이 제대로 표현되지 못했을 때입니다.

··원인

-도징량이 적다.

-분쇄도가 지나치게 굵거나 너무 일정하지 않다.

-추출 시간이 애매하게 짧거나 길다(불안정).

-원두의 신선도 부족.

-도징량을 늘려 농도와 바디 강화.

-균일한 분쇄를 위한 그라인더 상태 점검.

-추출 시간과 물의 양을 정확히 맞춰보기.

-최근 로스팅된 원두 사용.

에스프레소 샷이 불균형하고 불안정하다

에스프레소의 경우 추출 과정이 짧고 압력이 높기 때문에, 매우 민감한 변수 관리가 필요합니다.

-채널링(불균일한 탬핑, 도징 불균형).

-머신 온도·압력 불안정.

-바스켓과 포터필터의 세척 불량.

-너무 가는 분쇄로 추출이 너무 느리거나 막힘.

-분쇄 직후 도징 후 탬핑을 수평으로 균일하게 실시.

-프리인퓨전 활용으로 채널링 방지.

-머신과 포터필터는 매 샷 후 청소.

-원두 투입량과 분쇄도 조합 재설정.

🍋 추출 결과가 매번 달라지는 경우

일관성 부족은 매장 운영에서 치명적입니다. 동일한 레시피인데 결과물이 다른 경우, 외부 환경이나 장비 이상을 점검해야 합니다.

‥원인

-수분, 온도, 기압 등 환경 변화.

-그라인더의 날 마모 또는 이물질.

-스케일로 인한 머신 온도 저하.

-바리스타 간 추출 방식 차이.

‥해결책

-환경 변화에 따라 분쇄도 미세 조정.

-정기적인 그라인더 및 머신 유지 보수.

-모든 팀원에게 동일한 추출 기준 매뉴얼 제공.

⟡ TDS와 수율 데이터로 원인 분석하기

-TDS가 낮다(⟨1.1%) ** : 추출 부족 가능성(분쇄도 가늘게 / 시간 늘리기).

-TDS가 높다(⟩1.5%) ** : 과다 추출 가능성(분쇄도 굵게 / 시간 줄이기).

-수율이 낮다(⟨18%) ** : 향미 부족, 산미 강조됨.

-수율이 높다(⟩22%) ** : 떫은맛, 쓴맛 증가.

정확한 데이터는 감각에 의존한 분석보다 훨씬 신뢰도가 높으며, 기록을 남기면 실패 유형의 반복을 방지할 수 있습니다.

⟡ 추출 실패 유형별 요약표

문제	주요 원인	해결 방법
산미 과도	분쇄 굵음, 시간 짧음	분쇄 가늘게, 시간 늘리기
쓴맛 강함	분쇄 너무 가늘고, 온도 높음	분쇄 굵게, 온도 낮추기
밋밋함	도징 적음, 추출 불안정	투입량 증가, 시간 안정화
일관성 없음	환경, 장비 상태 불량	매뉴얼화, 기기 유지보수
채널링	도징 불균형, 탬핑 미흡	도징/탬핑 훈련, 프리인퓨전 활용

-실패한 샷도 기록하라: 실패의 원인을 알면 같은 실수를 줄일 수 있다.
-레시피와 결과를 수치화하라: 수율, TDS, 시간, 도징량 등 정량적 기록.
-사진과 테이스팅 노트 함께 정리하기.
-고객 피드백과 내 테이스팅 결과를 비교하여 해석력 키우기.

커피 추출은 완벽한 레시피를 찾는 것보다, 실패를 인식하고 그 원인을 논리적으로 분석하는 과정이 더 중요합니다. 추출 실패는 잘못된 것이 아니라, 커피의 복합성과 나의 기술을 발전시키는 기회입니다. 이 장의 내용을 바탕으로 여러분이 다음 추출에서 조금 더 자신감 있게 문제를 해결해 나갈 수 있기를 바랍니다. 바리스타의 진짜 실력은 완벽한 샷이 아니라, 실패 후의 대응에서 드러납니다.

4장

머신과 그라인더, 제대로 다루기

머신의 구조 이해, 보일러, 그룹헤드, 포터필터

커피 추출의 핵심 장비인 에스프레소 머신은 단순한 전자기기가 아니라, 정밀하게 설계된 열, 수압, 유량의 제어 장치입니다. 머신의 각 부위가 어떤 역할을 수행하는지를 이해하는 것은 바리스타의 실무에서 필수적인 역량입니다. 이 장에서는 에스프레소 머신의 구조를 중심으로 보일러, 그룹헤드, 포터필터의 역할과 작동 원리, 유지보수법까지 자세히 살펴보겠습니다.

에스프레소 머신의 기본 구성

에스프레소 머신은 크게 네 가지 주요 시스템으로 구성되어 있습니다.

-보일러 시스템(Boiler System): 물을 가열하여 추출과 스티밍에 필요한 열원 제공.

-그룹헤드(Group Head): 추출수가 나오는 출구이자 포터필터가 장착되는 핵심 추출 파트.

-포터필터(Portafilter): 분쇄된 원두를 담고 머신에 고정하여 고압의 물이 통과하게 하는 부속품.

-펌프(Pump): 보일러 내부의 압력을 제어하며, 보통 9기압 수준으로 추출압력을 유지.

🍊 보일러 시스템: 열의 심장

보일러는 머신 내부에서 물을 가열하여 일정한 온도의 추출수를 제공하는 장치로, 에스프레소의 맛을 결정짓는 핵심입니다.

··보일러의 종류

-싱글 보일러(Single Boiler): 추출과 스팀을 하나의 보일러로 처리, 저가형 가정용 머신에서 사용.

-듀얼 보일러(Dual Boiler): 추출용과 스팀용 보일러가 따로 있어 온도 안정성이 높음.

-히트 익스체인저(Heat Exchanger, HX): 한 개의 보일러에 파이프를 통해 추출수를 데우는 방식.

··보일러의 기능

-온도 제어: PID 컨트롤러로 미세 조정 가능(예: 92도, 93도 등).

-압력 유지: 보통 1~1.5 bar 사이의 압력 유지로 증기력 확보.

-스케일 발생: 석회질 축적으로 인해 열전달 효율 저하.

-정기적인 탈석회 관리 필요(디스케일링).

🍋 그룹헤드: 추출의 시작점

그룹헤드는 보일러에서 가열된 물이 추출 전 마지막으로 통과하는 곳으로, 포터필터가 고정되는 부위입니다.

··**그룹헤드의 구조**

-샤워스크린(Shower Screen): 물을 고르게 분산시켜 커피 파우더에 고르게 접촉하도록 함.

-디퓨저(Diffuser): 유속을 안정화시켜 일정한 수압 유지.

-가스켓(Gasket): 포터필터와 그룹헤드 사이를 밀착시켜 누수를 방지.

··**그룹헤드의 종류**

-E61 그룹헤드: 열순환 방식으로 온도 안정성이 높으며, 프리인퓨전 기능이 내장됨.

-전자 제어 그룹헤드: PID, 전자 밸브를 통한 정밀 제어 가능.

-매일 백플러싱(Backflushing) 필수: 그룹헤드 내부에 남은 커피 기름과 찌꺼기 제거.

-주 1~2회 클리너 사용.

포터필터: 압력의 그릇

포터필터는 손잡이가 달린 금속 바스켓으로, 분쇄된 커피를 담고 머신에 장착하여 고압의 물이 통과되도록 합니다. 바리스타가 가장 자주 만지는 부품 중 하나입니다.

··구성 요소

-바스켓(Basket): 커피를 담는 부분, 도징량과 추출 스타일에 따라 종류 다양(싱글, 더블, 블라인드).

-스파웃(Spout): 커피가 추출되는 출구. 싱글, 더블 스파웃 혹은 바텀리스(넛크랙커형).

-핸들: 인체공학적 설계로 그립감 고려.

-도징 후 탬핑된 커피 파우더를 고압에서 지지.

-추출 시 압력과 온도를 일정하게 유지하는 물리적 구조 제공.

-추출 흐름을 육안으로 확인 가능하여 채널링 여부 진단.

-추출 스킬 훈련에 적합.

-청소 용이, 크레마 표현 우수.

각 부품의 상호작용

-보일러에서 데워진 물이 펌프를 통해 그룹헤드로 이동.

-그룹헤드에서 물의 온도와 압력을 최종 조절.

-포터필터에서 탬핑된 커피 파우더를 통과하며 추출 진행.

이 세 부위가 정확히 세팅되어야 균일한 추출이 가능하며, 하나라도 문제가 있으면 전체 품질에 영향을 미칩니다.

머신 이상 징후 진단

-물이 고르게 나오지 않음 → 샤워스크린 막힘, 펌프 문제.

-샷이 너무 빠르거나 느림 → 그룹헤드 압력 이상, 포터필터 바스켓 손상.

-추출 온도가 낮거나 불안정 → 보일러 센서 오작동, PID 이상.

유지보수 및 위생관리

-그룹헤드 백플러싱: 매일, 세척제 포함 주 1회.

-스팀 완드 청소: 사용 직후 증기 배출 및 젖은 행주로 닦기.

-보일러 탈석회: 3~6개월 주기, 사용량에 따라 다름.

-가스켓 교체: 6~12개월마다 마모 상태 확인.

바리스타가 알아야 할 실전 포인트

-추출 전 그룹헤드에서 온수 예열(Flush).

-머신을 켜고 최소 30분 이상 예열 후 사용.

-포터필터는 항상 그룹헤드에 끼워 두어 열을 유지해야 함.

-추출 중 유량과 소리의 미세한 차이를 감지할 수 있어야 함.

에스프레소 머신의 구조를 이해하는 것은 단순한 기계지식이 아니라, 커피 추출의 품질과 직결되는 기본기입니다. 바리스타는 머신의 구성과 작동 원리를 이해하고, 문제가 발생했을 때 정확히 진단하고 빠르게 조치할 수 있어야 합니다. 이 장의 내용을 기반으로, 여러분이 사용하는 머신과 더 친숙해지고, 한 잔의 커피에 담긴 기술을 보다 깊이 이해하길 바랍니다.

그라인더의 종류와 세팅법

커피의 향미는 원두 선택과 로스팅만으로 완성되지 않습니다. 그라인딩, 즉 분쇄는 추출의 문을 여는 첫 번째 열쇠입니다. 아무리 좋은 원두라도 분쇄가 적절하지 않으면, 향미는 왜곡되거나 사라지며, 맛의 균형은 무너지고 맙니다. 이 장에서는 바리스타와 커피 애호가가 반드시 이해해야 할 그라인더의 구조와 종류, 세팅 방법, 관리 요령 등을 중심으로 총체적인 이해를 돕겠습니다.

그라인더의 역할과 중요성

그라인더는 원두를 물리적으로 부숴서 커피 추출에 적합한 입자 크기로 만드는 장치입니다. 이 과정은 단순한 분쇄가 아니라, 커피의 추출 속도, 수율, 향미에 지대한 영향을 미칩니다.

-입자 크기 = 추출 시간

-입자 균일성 = 맛의 균형

-정밀한 그라인딩 = 반복 가능한 품질

🍋 그라인더의 주요 구조

그라인더는 크게 다음과 같은 구조로 되어 있습니다.

-호퍼(Hopper): 원두를 저장하는 통.

-버(Burr): 분쇄를 담당하는 금속 날.

-모터: 회전을 일으키는 동력장치.

-도징 시스템: 분쇄된 커피를 계량하여 배출.

🍋 버의 종류: 플랫 vs 코니컬

··플랫 버(Flat Burr)

-평평한 두 개의 디스크가 회전하며 원두를 잘라냄.

-입자 분포가 비교적 균일함.

-발열이 다소 있음.

-주요 브랜드: 말코닉 EK43, 미토스 원 등.

··코니컬 버(Conical Burr)

-원뿔형의 버가 회전하며, 입체적으로 원두를 분쇄.

-발열이 적고, 상대적으로 조용함.

-입자 분포가 다소 넓지만 풍부한 바디 표현 가능.

-주요 브랜드: 메저 로버, 코만단테 등.

🍋 그라인더 종류별 분류

··**블레이드 그라인더**

-날이 회전하며 원두를 '자르기보단 부수는' 방식.

-분쇄 입자 균일성이 낮아 스페셜티에는 부적합.

··**에스프레소용 그라인더**

-미세하고 정밀한 분쇄 가능.

-마이크로 조절 장치 탑재.

-도징 일관성과 입자 균일성이 핵심.

-예: 미토스 원, 말코닉 E80S, 메저 ZM.

··**브루잉용 그라인더**

-상대적으로 굵은 입자 추출에 적합.

-입자 분포가 넓은 대신 향미의 레이어 표현 가능.

-예: 말코닉 EK43, 필트로닉스, 코만단테.

··**홈카페용 핸드 그라인더**

-수동 회전 방식으로 가격 대비 성능 우수.

-여행용 및 개인 커핑용으로 활용.

-예: 타임모어, 원탑, 1Zpresso.

··**온디맨드 vs 도징 그라인더**

  -온디맨드: 추출 직전에 분쇄(신선도 우수).

  -도징: 미리 갈아 저장, 속도는 빠르나 산화 위험.

🍋 분쇄도 조절 메커니즘

··**스텝 조절 방식(Stepped)**

  -정해진 단계별 분쇄도 설정 가능.

  -사용자 편의성 높음, 미세조정 한계 있음.

··**스텝리스 조절 방식(Stepless)**

  -무한 조절 가능, 미세한 튜닝에 유리.

  -설정 유지 시 주의 필요.

··**디지털 제어 방식**

  -터치스크린 혹은 다이얼을 통한 정량 및 시간 조절.

  -최근 고급 머신에 많이 채택.

🍋 분쇄도와 추출 방식의 관계

추출 방식	권장 분쇄도	특징
에스프레소	미세 분쇄 (설탕보다 곱게)	25~30초 추출, 9기압 고압 추출
핸드드립(V60)	중간~중간굵은 분쇄	2~3분 추출, 물 흐름 조절 중요
프렌치프레스	굵은 분쇄	침출식, 4분 추출 후 필터링
에어로프레스	중간 분쇄	역방향 등 다양한 레시피 존재

🍋 그라인더 세팅 실전 가이드

··에스프레소용 세팅

-추출 시간: 25~30초 기준으로 세팅 시작.

-입자가 너무 곱다 → 추출 시간 과다, 분쇄 굵게.

-입자가 너무 굵다 → 추출 너무 빠름, 분쇄 가늘게.

-추출 후 샷의 크레마, 색상, 질감 확인.

··브루잉용 세팅

-추출 시간: 2~3분 기준으로 조절.

-물줄기 속도에 따라 분쇄도 보정.

-추출이 너무 빠름 → 더 가늘게.

-과추출(쓴맛) → 더 굵게.

-중간 정도 분쇄 / 입자 균일성 중요.

-로스팅 비교, 향미 분석용으로 세팅 정확도 필수.

🍋 유지관리 및 청소법

-매일: 그라인더 외부 및 호퍼 청소.

-주 1~2회: 내부 분쇄 날 청소(청소 브러시 혹은 그라인드 정제제 사용).

-월 1회: 분해 청소 및 버 조정 상태 확인.

-연 1회: 날 교체 또는 연마 필요 여부 점검.

🍋 그라인더 상태에 따른 이상 징후

-정량 불일치 → 도징 타이머 이상 또는 버 고정 문제.

-분쇄 입자 불균일 → 날 마모 또는 청소 불량.

-과열 → 장시간 사용으로 인한 발열, 내부 청소 필요.

🍋 그라인더 선택 시 고려 요소

-일일 추출량: 소형 매장 vs 대용량 매장.

-원두 종류: 에스프레소 전용 vs 브루잉 겸용.

-공간: 사이즈, 소음, 발열 등.

-예산: 수동 → 저가 / 전자동 → 고가, 유지비 포함 고려.

그라인더는 단순한 기계가 아닌, 커피의 성격을 정의하는 가장 중요한 장비입니다. 입자의 굵기와 균일성, 분쇄 타이밍과 양은 추출 결과에 결정적인 영향을 미칩니다. 바리스타가 반드시 숙지해야 할 기초이자, 마스터해야 할 장비입니다. 매일 손에 쥐는 그라인더를 이해하고, 섬세하게 조정해내는 능력이야말로 진정한 커피 장인의 시작입니다.

도징과 탬핑의 핵심 포인트

일관성과 균형의 기술

에스프레소 한 잔의 품질은 고도의 기술과 반복 훈련에서 비롯됩니다. 그중에서도 도징과 탬핑은 바리스타의 손끝에서 이루어지는 핵심 물리적 작업으로, 에스프레소 추출의 시작점이자 균일한 품질의 기초입니다. 이 장에서는 도징과 탬핑의 정의부터 실전 적용법, 장비, 오류 진단, 숙련도 향상을 위한 훈련법까지 전반적인 내용을 20,000자 이상으로 깊이 있게 다룹니다.

도징(Dosing) 이란 무엇인가?

도징은 에스프레소 추출을 위해 포터필터에 커피 분쇄 원두를 정확한 양만큼 담는 과정입니다. 이는 단순히 양의 개념을 넘어, 추출 균형과 채널링 방지, 맛의 일관성을 위한 가장 첫 단계입니다.

-일정한 양의 커피 파우더 제공.

-포터필터 바스켓의 이상적인 용량 유지.

-탬핑 및 추출 일관성 확보.

·· 도징의 종류

-정량 도징(Grammage dosing): 저울을 활용해 18g, 20g 등 특정 양 계량.

-정량 추출 기반 도징: 샷 수율로 역산하여 필요한 양 계산.

-볼륨 도징: 도징 툴이나 도징 링 활용해 일정량 확보.

도징의 핵심 포인트

·· 정확한 무게 측정

-도징 저울을 사용해 ±0.1g 단위로 계량.

-포터필터에 담긴 양과 샷 수율을 계산하여 수율(%) 조절.

·· 바스켓 최적화

-바스켓 용량(18g, 20g, 22g)에 맞는 커피 양 유지.

-과도한 도징은 포터필터와 그룹헤드 간 압착 발생 → 추출 불균형.

-부족한 도징은 수압 누출, 크레마 부족 야기.

도징 후, 커피 파우더가 바스켓 내에 고르게 분포되도록 하는 작업.

-핑거 스윕: 손가락으로 고르게 펼침.

-웨지툴(WDT 툴): 바늘형 도구로 뭉친 파우더 분산.

-디스트리뷰터 툴: 회전형 장비로 표면 평탄화.

🍩 탬핑(Tamping) 이란 무엇인가?

탬핑은 도징된 커피 파우더를 수평하고 일정한 압력으로 압축하여, 추출수의 흐름이 고르게 통과하도록 만드는 과정입니다. 이는 에스프레소 추출의 일관성에 있어 핵심 역할을 합니다.

··**탬핑의 목적**

-수평 압축으로 채널링 방지.

-커피 파우더의 밀도 균일화.

-추출수의 고른 흐름과 일관된 수율 유도.

··**탬핑 압력**

-일반적으로 15~20kg의 수직 압력 권장.

-너무 약하면 물이 쉽게 통과해 언더익스트랙션 유발.

-너무 강하면 추출이 막혀 채널링, 오버익스트랙션 발생.

                    커피 좀 아는 바리스타 되기

-수평이 어긋나면 수압이 비대칭으로 작용 → 채널링 발생.

-수평 유지 체크용 레벨링 툴, 워터 레벨 사용 가능.

도징과 탬핑이 추출에 미치는 영향

요소	영향	추출 결과
도징량 과다	물의 흐름 저해	과추출, 쓴맛 증가
도징량 부족	압력 부족	언더익스트랙션, 산미 강조
탬핑 압력 불균형	물의 흐름 치우침	채널링, 비균일한 샷
수평 불일치	압력 누수	주출량 불균형, 쓴맛/신맛 동시 발현

실전 도징 & 탬핑 루틴

1. 포터필터를 예열된 그룹헤드에서 제거.

2. 분쇄기에서 분쇄된 커피를 정확히 도징.

3. 도징 후 분배: 핑거스윕 또는 WDT 사용.

4. 디스트리뷰터 또는 탬퍼로 평탄하게 압축.

5. 수평, 압력 체크 후 그룹헤드에 장착.

6. 추출 후 샷 흐름, 수율 확인.

🍋 도구 활용법

-탬퍼(Tamper): 직경은 바스켓 크기와 일치해야 함(예: 58mm).

-자동 탬퍼: 압력과 수평을 일정하게 유지하는 장비(예: PuqPress).

-WDT툴: 입자 덩어리 분산, 채널링 방지.

-디스트리뷰션툴: 표면 평탄화 및 밀도 균일화.

🍋 추출 이상 발생 시 점검 포인트

-추출 속도 편차 → 도징량 체크, 탬핑 불균형 의심.

-샷 흐름이 한쪽으로 쏠림 → 수평 어긋남, 채널링.

-쓴맛, 떫은맛 → 도징 과다, 탬핑 강도 과다.

-샷이 지나치게 빠름 → 도징량 부족, 분배 불량.

🍋 바리스타 숙련도 향상법

-눈감고 탬핑 연습: 감각적 일관성 확보.

-레벨 확인 도구 활용: 수평 체크 습관화.

-도징 → 추출 → 테이스팅 → 기록 반복.

-영상 촬영을 통한 자세, 압력 피드백.

🍂 도징과 탬핑의 자동화 vs 수동화

··자동화의 장점

  -일정한 추출 품질 유지.

  -바쁜 매장에서 속도 향상.

  -초보자도 안정적인 품질 구현 가능.

··수동의 장점

  -감각적 조절 가능, 원두 특성에 맞춘 커스터마이징.

  -바리스타의 기술력이 표현되는 영역.

··하이브리드 방식

  -디스트리뷰터 + 자동탬퍼 + 수동 도징 조합.

  도징과 탬핑은 단순한 손동작이 아닙니다. 그 안에는 커피의 맛을 결정 짓는 압력, 밀도, 수평성, 일관성이라는 복합적 기술이 녹아 있습니다. 바리스타는 이 과정을 무의식적으로 일관되게 수행해야 하며, 반복된 훈련과 피드백, 장비 활용 능력을 갖추어야 합니다. 이 장에서 소개한 내용을 통해 여러분이 더 안정적이고 높은 수준의 추출을 실현할 수 있기를 바랍니다.

압력과 온도의 변화가 추출에 미치는 영향

물리적 변수의 이해와 적용

에스프레소 추출은 본질적으로 물리학과 화학의 정교한 조합입니다. 그 중에서도 '압력(Pressure)'과 '온도(Temperature)'는 에스프레소 머신의 심장과도 같은 핵심 변수입니다. 이 두 요소는 커피의 맛, 향, 질감, 농도에 직결되는 요인이며, 바리스타가 가장 민감하게 조절해야 할 대상입니다. 본 장에서는 이 두 요소가 추출에 어떻게 영향을 미치는지, 그리고 실무에서 이를 어떻게 활용하고 관리해야 하는지를 심도 있게 설명합니다.

압력(Pressure)의 기본 이해

추출 압력의 정의

-커피 추출에서의 압력은 물이 포터필터 내의 커피층을 통과할 때 가해지는 힘.

-일반적으로 에스프레소 머신은 9기압(Bar)을 기준으로 설정.

-9기압 = 대기압의 9배, 약 130 psi

··압력 발생 메커니즘

-로터리 펌프 또는 바이브레이션 펌프를 통해 압력 생성.

-프리인퓨전 → 압력 상승 → 최대 압력 도달 → 추출 종료.

🍋 압력이 추출에 미치는 영향

··높은 압력의 경우(>9기압),

-추출 속도 증가 → 바디감 증가, 쓴맛과 오일 추출 증가.

-향미 복합성 감소 가능성, 과다 추출 위험.

-크레마가 풍성하게 생성될 수 있음.

··낮은 압력의 경우(<9기압)

-추출 속도 감소 → 언더익스트랙션 위험, 산미 부각.

-크레마 생성 미약, 바디감 약화.

-산뜻하고 밝은 맛 표현에는 유리.

··압력과 분쇄도의 상호작용

-가는 분쇄 + 높은 압력 = 막힘, 채널링, 과추출.

-굵은 분쇄 + 낮은 압력 = 빠른 추출, 밋밋한 맛.

-추출 중 압력을 일정하게 변환하여 향미 조절.

-예: 프리인퓨전 2기압 → 상승 6기압 → 유지 9기압 → 감소 3기압.

-산미 강조, 단맛 향상, 쓴맛 제어에 효과적.

🍋 온도(Temperature)의 기본 이해

-에스프레소 추출에 이상적인 물의 온도는 90~96도 사이.

-로스팅 정도에 따라 권장 온도 달라짐.

-라이트 로스트: 93~95도.

-미디엄 로스트: 91~93도.

-다크 로스트: 89~91도.

-PID 제어 시스템: 디지털로 정밀하게 온도 설정 및 유지.

-히트 익스체인저(HX) 또는 듀얼 보일러 시스템이 일반적.

🍋 온도가 추출에 미치는 영향

-성분 용해도 증가 → 향과 오일 추출 증가.

-쓴맛, 탄맛, 떫은맛 증가 가능성.

-라이트 로스트에서 복합성 부각에는 유리.

-추출 성분 제한 → 깔끔하고 산뜻한 맛, 복합성 저하.

-단맛 강조에는 유리하나, 바디감 약화.

-다크 로스트에서 탄맛 방지에 효과적.

-온도가 높을수록 수율은 증가.

-그러나 과도한 추출로 이어지면 향미 손상.

-온도 편차 ±1도만으로도 맛의 차이 발생.

-프리히팅(머신 예열) 및 포터필터 온도 유지 필수.

🍋 압력과 온도의 상호작용

압력 ₩ 온도	낮음 (89~91도)	중간 (92~93도)	높음 (94~96도)
낮음 (6~8bar)	부드러움, 산미 강조	약한 바디감, 산미 균형	날카로운 산미, 밋밋한 바디
표준 (9bar)	균형된 맛, 단맛 강조	이상적 밸런스	쓴맛, 강한 바디감 가능
높음 (10~11bar)	빠른 추출, 향미 손실	크레마 풍성, 과추출 가능성	무거운 바디, 떫은맛 가능

🍋 압력/온도 변화에 따른 추출 오류와 해결책

-크레마 없음 → 압력 부족, 온도 낮음.

-텁텁하고 쓴맛 → 고압 + 고온 조합.

-산미만 강하게 남음 → 저압 + 저온 조합.

-균형감 부족 → 분쇄도, 탬핑과 함께 온도 재조정 필요.

🍋 프리인퓨전과 온도 컨트롤의 조합 활용법

-프리인퓨전(Pre-infusion): 2~4기압의 저압 상태에서 커피층을 먼저 적시고 본 추출을 시작.

-장점: 채널링 방지, 맛 균형 향상.

-온도와 함께 조절하면 섬세한 향미 표현 가능.

🌀 머신 세팅 시 고려사항

-계절 변화에 따른 온도 재조정 필요(환경 온도 영향).
-장비에 따라 온도센서 오차 범위 존재.
-그룹헤드, 포터필터 온도는 항상 유지되도록 함.

🌀 데이터 기반 추출 관리

-압력 게이지, 온도 PID 확인은 매일 체크.
-TDS, 수율 기록과 함께 변수 추적.
-각 원두별 최적의 압력/온도 매뉴얼화.

압력과 온도는 에스프레소 추출에서 가장 근본적이면서도, 가장 민감한 변수입니다. 이 둘을 정확히 이해하고 능숙하게 제어할 수 있어야만, 한 잔의 커피에서 원하는 향미를 일관되게 끌어낼 수 있습니다. 바리스타는 단순히 머신을 사용하는 사람을 넘어, 열과 수압을 조율하는 과학자이자 예술가입니다. 이 장을 통해 여러분이 물리적 변수의 깊이를 체감하고, 실전에서 이를 자신만의 무기로 사용할 수 있기를 바랍니다.

˘매일 해야 하는 머신 청소와 관리법

한 잔의 완성은 위생에서 시작된다

에스프레소 머신은 바리스타의 손끝에서 커피가 만들어지는 마지막 관문입니다. 아무리 좋은 원두를 쓰고 완벽한 추출 기술을 갖추었다 해도, 머신 내부가 오염되어 있다면 그 결과물은 절대 만족스럽지 못할 것입니다. 머신 청소와 위생 관리는 단순한 유지 차원을 넘어, 커피의 맛과 향미를 좌우하고, 장비의 수명을 연장하며, 고객 신뢰도를 쌓는 기초입니다. 이 장에서는 매일 반드시 해야 할 머신 청소 루틴과 세부 관리법을 시스템적으로 소개합니다.

🍋 머신 청소가 중요한 이유

-커피 기름과 미세한 파우더 잔여물이 쌓이면 잡미 유발.

-박테리아와 곰팡이 번식 가능성 존재(특히 스팀 완드 내부).

-그룹헤드, 포터필터, 샤워스크린 등 잔여물이 추출 균일성 저해.

-오염된 머신은 크레마와 향, 추출 속도에도 악영향.

-브랜드 이미지와 위생 인식에 결정적인 요소.

🍋 청소의 기본 개념: 잔여물, 유분, 수분의 제거

-잔여물: 분쇄 커피의 미세 입자 → 흰색 천이나 필터 브러시로 제거.

-유분: 커피 오일 → 화학 세정제(Cafiza 등)로 제거.

-수분: 결로, 습기 → 건조 및 에어블로우로 제거.

🍋 매일 해야 하는 청소 루틴(영업 마감 후 기준)

··그룹헤드(Head) 백플러싱

-블라인드 바스켓 장착 후 그룹헤드 세정제 투입.

-그룹헤드 버튼 5초 추출 → 10초 멈춤 반복(5회).

-세정제 없이 반복 플러싱 5회.

-브러시로 고무 가스켓, 샤워스크린 주변 청소.

·· 포터필터 및 바스켓 세척

-포터필터, 바스켓 분리 후 세정제 담긴 뜨거운 물에 10분 침지.

-잔여 세정제 제거 후 깨끗한 물로 2회 헹굼.

·· 샤워스크린, 디퓨저, 가스켓 청소

-육각 렌치로 샤워스크린 탈거.

-내부 디퓨저 플레이트에 눌어붙은 커피 파우더 제거.

-고무 가스켓 이물 확인, 마모 시 교체 필요.

·· 스팀 완드(Steam Wand) 청소

-스팀 후 외부 잔여 우유 닦기.

-하루 1회 스팀팁 분리 후 내부 세정.

-전용 세정액 또는 레몬산을 뜨거운 물에 희석 후 10분 침지.

·· 드립 트레이(Tray) & 웨이스트 박스

-드립 트레이 분리 후 비누 세척.

-웨이스트 박스 커피 찌꺼기 제거, 소독 및 탈취.

·· 머신 외관 및 터치패널

-마른 극세사 천으로 외관 닦기.

-디스플레이 패널은 정전기 방지 용액 사용.

-남은 물은 모두 비우고, 물때 방지를 위해 건조 보관.

🍋 주 1회 이상 정기 청소 항목

-스팀 완드 내부 풀 디스어셈블.

-샤워스크린/디퓨저 교체 여부 확인.

-포터필터 핸들 분해 후 내부 청소.

-머신 배수 라인 점검 및 세정.

-머신 외부 송풍구 먼지 제거(콤프레셔 활용).

🍋 시간대별 권장 청소 루틴

시간대	청소 항목	세부 내용
개점 전	그룹헤드 플러싱	전날 남은 이물 제거
운영 중	스팀 완드	사용 후 바로 물 뿜고 닦기
운영 중	그룹헤드 간단 청소	브러시 및 클리너 없는 백플러시 2~3회
마감 후	전체 백플러싱	세정제 사용, 스크린 분리 포함
마감 후	포터필터, 바스켓	세척제 침지, 수세 후 건조
마감 후	스팀 완드 해체	팁 분리 후 세척 및 침지
마감 후	드립 트레이, 물탱크	세척 후 건조 보관

🍋 청소에 사용하는 도구 및 용품

-백플러싱 세정제(ex. Cafiza).

-전용 브러시: 그룹헤드, 샤워스크린용.

-분해용 육각 렌치.

-스팀 완드 세정액(우유 제거용).

-극세사 천, 실리콘 스폰지, 드립 트레이 솔.

-탈취제 및 살균용 스프레이.

🍋 잘못된 청소 습관과 주의점

-매일 백플러싱 생략 → 그룹헤드 성능 저하.

-포터필터에 커피 기름 남긴 채 보관 → 부패 발생.

-스팀 완드 외부만 닦고 내부 청소 생략 → 우유 단백질 축적.

-샤워스크린 미분해 상태에서 단순 세척 → 내부 유증기 축적.

🍋 머신 청소와 품질의 상관관계

-위생이 유지된 그룹헤드는 보다 투명한 향미 제공.

-포터필터가 깨끗할수록 크레마 밀도 증가.

-샤워스크린에 이물 없을수록 물 분산 균일.

-스팀 완드 내부가 청결해야 우유 텍스처가 부드러움.

🍋 청소 기록표 및 체크리스트 운영

-일별 청소 항목 점검표 출력 및 체크.

-담당자 서명 및 점검 시간 기록.

-주간/월간 유지보수 캘린더 운영.

-HACCP 기준 기반한 위생 매뉴얼 정리.

깨끗한 커피는 깨끗한 머신에서 나옵니다. 머신 청소는 기술이 아니라 습관이며, 고품질 추출의 최소한의 조건입니다. 하루의 마감을 청소로 끝낸다는 것은 바리스타가 장비에 대한 존중을 표현하는 방식이며, 이는 곧 커피에 대한 존중으로 이어집니다. 이 장에서 소개한 관리법을 바탕으로 여러분의 머신이 항상 최상의 상태를 유지하길 바랍니다.

5장

라떼아트와 스티밍 마스터하기

우유의 구조, 단백질·지방·유당의 이해

커피 음료에서 우유는 단순한 첨가물이 아니라, 맛과 질감, 온도, 향미의 전달체로서 결정적인 역할을 합니다. 특히 에스프레소 기반의 라떼, 카푸치노, 플랫화이트 등에서는 우유의 구조적 특성이 음료의 품질을 좌우하게 됩니다. 이 장에서는 우유를 구성하는 세 가지 주요 성분인 단백질, 지방, 유당을 중심으로 우유의 화학적 특성과 커피 추출과의 상호작용을 상세히 분석하고, 스티밍과 텍스처링을 위한 실무적 이해를 제공합니다.

우유의 주요 구성 요소 개요

우유는 크게 다음의 성분으로 구성되어 있습니다.

-수분(약 87%)

-단백질(3.3~3.5%)

-지방(3.0~4.0%)

-유당(4.8~5.0%)

-무기질, 비타민, 효소 등(약 1%).

이 중 단백질, 지방, 유당은 커피와의 상호작용 및 텍스처 형성에 직접적인 영향을 미치므로 바리스타가 반드시 이해해야 할 핵심 성분입니다.

🍋 단백질(Proteins)

우유 단백질의 종류

-카제인(Casein): 전체 단백질의 약 80%, 마이셀(micelle) 구조로 존재.

-유청 단백질(Whey protein): 약 20%, 열에 민감하고 거품 형성에 관여.

단백질의 역할

-스티밍 시 기포 안정성 유지에 핵심적 역할.

-단백질이 열을 받으면 응고하여 입자 간 결합이 강화됨.

-텍스처링 시 미세한 거품 형성의 구조적 기초 제공.

온도와 단백질 변화

-55~65℃: 유청 단백질 변성 시작, 거품 생성 최적 온도.

-70℃ 이상: 단백질 응고 → 텍스처 거칠어짐, 맛 손실 가능성.

단백질 부족/과잉의 영향

-부족: 거품 형성 어렵고 수명 짧음.

-과잉: 점도 증가로 인한 질감 무거움, 부드러움 저하.

🍋 지방(Fat)

··우유 지방의 구조

-트라이글리세리드(triglyceride) 형태.

-유화(emulsion)된 형태로 존재.

-막구조(fat globule membrane)가 표면 장력을 유지함.

··지방의 역할

-풍미 전달, 바디감 형성.

-크리미하고 부드러운 질감 부여.

-커피의 쓴맛을 부드럽게 감싸는 효과.

··온도와 지방

-저온: 지방이 응고 상태로 존재, 스티밍 어려움.

-55~65℃: 지방 분산 및 융해 시작 → 최적 텍스처 형성.

-70℃ 이상: 산화 및 지방분리 가능성 → 이취 발생.

··지방 함량에 따른 차이

유형	지방 함량	특징
전지우유	3.5~4%	풍부한 바디감, 크리미한 질감
저지방우유	1~2%	거품 형성 용이, 다소 밋밋함
무지방우유	0%	거품 잘 생김, 맛은 약함

🍋 유당(Lactose)

유당의 특성

-이당류로 구성(글루코스 + 갈락토스).

-단맛의 강도는 설탕의 약 1/6 수준.

-열에 강하며, 스티밍 시 크게 변화 없음.

유당의 역할

-라떼의 은은한 단맛 제공.

-에스프레소의 강한 산미, 쓴맛과 조화.

-고온에서 카라멜화 가능(70℃ 이상).

유당 불내증과 대안

-유당 불내증 고객을 위한 락토스 프리 우유, 식물성 우유 제공 필요.

-식물성 우유(귀리, 두유, 아몬드 등)의 경우 단백질과 지방 구조가 달라 스티밍 결과 다름.

🍋 스티밍과 우유 성분의 반응

스티밍의 과학

-증기 주입 → 수분 + 열 + 압력.

-단백질 변성 → 미세기포 형성.

-지방 유화 → 부드러운 텍스처 형성.

-유당 → 단맛 유지.

··스티밍 온도별 특성 요약

온도 범위	주요 변화	맛/질감 영향
40~50℃	초기 팽창, 약한 변성	산뜻함, 부드러움 부족
55~65℃	최적 텍스처 구간	단맛 강화, 크리미함 증가
70℃ 이상	과변성, 분리	맛 손실, 입자 거칠어짐

··우유 선택과 커피의 궁합

-강한 로스팅 → 전지우유로 바디감 보완.

-라이트 로스트 → 저지방 또는 오트밀크로 산미 표현.

🍋 바리스타를 위한 실무 팁

··스티밍 전 우유 상태 점검

-신선도 체크: 냄새, 점도, 날짜 확인.

-냉장 상태 유지: 4~6℃ 보관 필수.

··우유 피처 관리

-피처 전용 브러시로 세척.

-잔여 우유 절대 재사용 금지.

-고온 고압 세척기 사용 권장.

··식물성 우유 대체 시 유의사항

-단백질 구조 다름 → 거품 안정성 떨어질 수 있음.

-브랜드별 차이 큼 → 스티밍 테스트 필수.

-설탕 첨가 유무 체크 → 라떼아트 형성 영향.

우유는 커피의 강렬함을 부드럽게 감싸며, 향미의 균형을 만들어주는 천연의 파트너입니다. 단백질이 형을 만들고, 지방이 부드러움을 더하며, 유당이 단맛의 마무리를 책임지는 복합적 구조 속에서 바리스타는 과학과 감각을 조화롭게 다뤄야 합니다. 우유의 구조를 이해함으로써, 우리는 더 좋은 커피 음료를 만들 수 있으며, 더 나은 고객 경험을 제공할 수 있습니다. 이 장이 우유를 바라보는 시선을 한 단계 깊게 만들어주는 계기가 되길 바랍니다.

마이크로폼 만들기 실전 팁

실크처럼 부드러운 거품의 기술

카페라떼, 플랫화이트, 카푸치노 등 모든 밀크베이스 음료의 완성도를 결정짓는 것은 단연 마이크로폼(Microfoam)입니다. 단순히 거품이 많은 우유가 아니라, 크림처럼 부드럽고 윤기 있는 질감의 우유 거품이야말로 바리스타의 실력을 판가름하는 핵심 기준입니다. 이 장에서는 마이크로폼을 만들기 위한 이론부터 실전 기술, 장비 설정, 자주 발생하는 실수와 그 해결법까지 총체적인 내용을 실무 중심으로 설명합니다.

마이크로폼이란 무엇인가?

마이크로폼은 스티밍을 통해 우유 속에 미세하고 균일한 공기 입자를 주입하여 만들어진, 매우 부드럽고 윤기 있는 상태의 거품 우유입니다.
-기포의 크기가 작고 눈에 잘 보이지 않음.
-입안에서 부드럽게 흐르고, 벨벳 같은 질감을 가짐.
-라떼아트의 핵심 재료로 활용.

마이크로

일반 거품

🍋 마이크로폼과 일반 거품의 차이

구분	마이크로폼	일반 거품
기포 크기	미세, 균일	거칠고 크거나 불균일
질감	크리미하고 윤기 있음	푸석하거나 건조함
입자감	부드럽고 밀도 높음	거칠고 공기 많음
사용 용도	라떼, 플랫화이트	카푸치노, 거품커피 등

🍋 마이크로폼을 위한 우유 조건

-신선한 우유: 유통기한이 가까운 우유는 기포 형성에 불리함.

-저온 보관: 4~6℃ 상태의 우유가 기포 안정성 우수.

-전지우유 권장: 지방 함량이 높을수록 텍스처 부드러움 향상.

🍋 피처 선택과 준비

-재질: 스테인리스 재질이 열전도에 유리.

-크기: 350ml(싱글 샷), 600ml(더블 샷) 용량이 일반적.

-형태: 입구가 살짝 좁은 타입이 라떼아트 용이.

-피처 예열: 차가운 피처 사용이 더 정밀한 스티밍 유도.

🍋 스티밍 단계별 실전 팁

··1단계 공기 주입(Stretching)

-스팀 완드 팁을 우유 표면 0.5~1cm 부근에 위치.

-끓는 소리가 아닌 가볍고 짧은 "촤촤촤" 소리 유도.

-표면이 살짝 부풀며 3~5초 동안만 공기 주입.

    커피 좀 아는 바리스타 되기

··2단계 회전 유도(Rolling)

-피처를 약간 기울여 사이클릭한 회전 유도.

-스팀 완드 끝을 우유 깊숙이 넣고 거품을 균일화.

-표면이 잔잔한 소용돌이처럼 회전하며 광택 형성.

··3단계 온도 제어(Steaming)

-손으로 피처를 잡았을 때 뜨거움 감지되는 60~65℃ 지점에서 종료.

-온도계 사용 시 55~65℃ 사이 유지.

-70℃ 이상 넘기면 단백질 변성으로 거품 손상.

··4단계 피처 테크닉

공기 주입

회전 유도&온도 제어

피처 테크닉

마이크로폼 완성

-피처 바닥 탁탁 두드려 큰 기포 제거.

-원을 그리며 피처 돌려 표면 매끄럽게 만들기.

증상	원인	해결 방법
큰 거품 생김	공기 주입 과도	첫 3~5초만 주입, 이후 깊게 넣기
거품이 약함	공기 주입 부족	초반에 충분히 촤촤 소리 만들기
표면이 거칠음	회전 부족	롤링 단계에서 피처 각도 조정
우유 타버림	온도 과다	65℃ 이상 넘기지 않기

🍋 바리스타 루틴 예시(실전 기준)

1. 피처에 냉장 우유 1/2~2/3 채움.
2. 스팀 완드 예열 및 물 방출.
3. 공기 주입(촤촤촤 소리 유도 3~4초).
4. 회전 유도 및 온도 상승 유지.
5. 60~65℃에서 종료, 피처 바닥 1~2회 탭.
6. 라떼아트 진행 또는 서빙.

🍋 라떼아트를 위한 마이크로폼 컨디션

-매끄러운 표면.

-너무 무겁지도 가볍지도 않은 질감.

-피처에서 자연스럽게 흐르는 점성 유지.

-컵 위에서 잘 퍼지고 퍼짐이 일정해야 함.

🍋 라떼아트 직전 피처 정리

-표면이 거칠면 피처 돌려 유화 작업 반복.

-표면이 갈라지면 재스티밍 또는 우유 교체 필요.

-스팀 후 30초 이상 지나면 거품 질감 저하 → 즉시 사용 권장.

🍋 마이크로폼 훈련법

-물 + 소량의 세제 이용하여 스티밍 연습(거품 질감 체크 가능).

-매일 같은 온도, 우유량, 피처 사용해 비교 연습.

-영상 촬영 후 회전, 각도, 손목 위치 피드백.

-바디감 테스트: 스푼으로 떠봤을 때 곱고 탄력 있는 점도 확인.

장비 세팅 팁

-스팀 압력 1.3~1.5bar 유지.

-스팀 팁의 구멍 수, 위치 확인(1~4홀 차이 큼).

-팁에 우유 찌꺼기 막힘 여부 매회 확인.

-장시간 사용 시 스팀 완드 과열 방지 → 일정 주기로 방출.

식물성 우유와 마이크로폼

-귀리 우유: 단백질 함량 높고 안정된 폼 가능.

-두유: 과열 시 응고, 60℃ 이하 추천.

-아몬드/코코넛 우유: 폼 유지 짧고 기술 요구도 높음.

-브랜드별 성능 차이 큼 → 반드시 테스트 후 사용.

마이크로폼은 단순한 기술이 아니라 감각과 물리학의 조화입니다. 공기의 양, 온도의 흐름, 회전의 방향, 우유의 반응-all 이들이 어우러져야 완성되는 섬세한 균형이 필요합니다. 바리스타는 이를 숙련된 루틴으로 내재화해야 하며, 매일 동일한 결과를 만들어낼 수 있을 만큼 안정적인 컨트롤 능력을 갖추어야 합니다. 이 장의 실전 팁들이 여러분의 마이크로폼 기술 향상에 실질적인 도움이 되길 바랍니다.

스티밍 온도와 시간의 기준

완벽한 텍스처를 위한 과학적 접근

에스프레소 기반의 밀크 음료에서 우유 스티밍은 단순히 우유를 데우는 과정을 넘어서, 질감과 향미를 결정짓는 핵심 기술입니다. 특히 스티밍 과정에서 가장 중요한 두 변수는 바로 온도와 시간입니다. 이 두 가지는 우유의 단백질, 지방, 유당이 어떻게 반응하느냐에 따라 마이크로폼의 질과 맛의 조화를 좌우합니다. 본 장에서는 우유의 물리화학적 특성과 스티밍 환경을 고려한 실질적인 온도와 시간 기준을 다각도로 탐구합니다.

왜 온도와 시간이 중요한가?

-온도: 단백질의 변성, 지방의 유화, 유당의 단맛 발현과 직결.

-시간: 증기의 주입 지속 시간은 온도 상승 속도 및 공기 주입량에 영향을 줌.

-두 변수는 함께 작용하여 우유의 물성과 감각적 특성을 완성.

우유의 성분과 온도 반응

성분	반응 온도	변화
유청 단백질	55~60℃	변성 → 기포 안정화 기여
카제인	60~65℃	마이셀 구조 유지 → 폼 유지력 증가
지방	40~60℃	유화 및 점도 증가
유당	60~70℃	단맛 강화 (카라멜화 시작)

스티밍 온도 구간별 특징

온도	특징	음료 유형 추천
45~50℃	미온, 크리미 약함	아이스 라떼용, 키즈 음료
55~60℃	기포 안정성, 부드러운 맛	플랫화이트, 라떼
61~65℃	단맛 극대화, 이상적 텍스처	라떼아트, 시그니처 음료
66~70℃	단백질 과변성 시작, 텍스처 거칠어짐	진한 카푸치노
70℃ 이상	거품 파괴, 우유 단맛 감소	피해야 할 구간

🍋 스티밍 시간의 구성 요소

스티밍 시간은 공기 주입 단계와 회전/가열 단계로 구분됩니다.

-공기 주입 시간(Stretching): 2~6초 권장(우유 양, 피처 크기 따라 달라짐).

-회전 및 가열 시간(Rolling/Heating): 약 5~10초.

-전체 스티밍 시간: 약 7~15초(우유 150~300ml 기준).

🍋 공기 주입 타이밍에 따른 질감 차이

주입 시간	결과	특징
1~2초	약한 폼	부드럽지만 밀도 낮음
3~5초	이상적 폼	크리미, 벨벳 질감 유지
6초 이상	과도한 폼	거품 굵고 거칠어짐

🍋 피처 온도 감각 체크법

-손으로 피처 하단을 감지하며 온도 확인하는 전통적 방식.

-따뜻하다 → 약 50℃

-뜨겁다(더 못 견딜 수준) → 약 65℃

-숙련된 바리스타는 손끝 감각만으로 1~2℃ 오차 내 컨트롤 가능.

-초보자는 디지털 온도계 병행 추천.

🍋 다양한 우유 유형별 적정 온도

우유 종류	최적 온도	이유
전지우유	60~65℃	크리미함 유지, 지방 유화 적정
저지방우유	58~62℃	빠른 폼 형성, 단맛 유지
두유	55~60℃	고온에서 응고 위험
귀리우유	58~62℃	폼 안정성 좋고 균형 유지
아몬드우유	55~60℃	폼 형성 어려움, 저온 유지 필요

🍋 머신의 세팅과 스티밍 변수

-스팀 압력: 1.2~1.5 bar가 일반적, 고압일수록 가열 속도 빠름.

-스팀팁 구멍 수: 1홀 → 세밀한 컨트롤 / 3~4홀 → 빠른 가열.

-스팀 완드 위치: 초반 수면 부근 → 깊숙이.

-피처 각도: 약 15~20도 기울기 유지 → 회전 유도.

🍋 라떼아트를 위한 온도/시간 최적화

-이상적 온도: 60~65℃(표면 광택, 흐름성 우수).

-공기 주입: 짧고 정밀하게(3초 이내).

-회전 시간: 최소 5초 이상으로 충분한 유화 유도.

🍋 온도계 사용 실전 팁

-디지털 온도계 센서는 피처 중앙부에 위치시킬 것.

-65℃ 도달 시 바로 스팀 멈추기.

-잔열로 1~2도 더 오르므로 목표치보다 1~2℃ 낮게 설정 권장.

🍋 실수 유형과 교정법

증상	원인	교정 방법
거품이 끈적임	온도 과다	65℃ 넘지 않도록 주의
거품이 약함	공기 주입 부족	초반 촤촤 소리 유도 필요
표면 광택 없음	회전 부족	피처 각도 조정, 스팀 위치 점검
질감이 무거움	가열 시간 과다	손 감각 또는 온도계 사용 권장

◐ 루틴화의 중요성

-항상 동일한 우유 온도와 양으로 시작.

-동일 피처, 동일 우유 종류 사용.

-타이머 또는 온도계로 스티밍 시간 기록.

-매일 같은 방식으로 훈련해야 일관성 확보 가능.

우유 스티밍은 단순히 '데우는 일'이 아닙니다. 스팀이라는 에너지로 우유의 구조를 세밀하게 변형시키는 과학적인 공정이며, 온도와 시간이라는 두 축은 그 중심을 지탱하는 핵심 변수입니다. 온도는 단맛과 질감을 결정하고, 시간은 거품의 성격을 빚어냅니다. 바리스타는 이 두 요소를 자신의 감각과 경험 안에 내재화하여, 손끝에서 매번 같은 퀄리티의 결과물을 만들어내야 합니다. 이 장을 통해 여러분이 실전에서 더 정밀하게 스티밍을 다룰 수 있기를 기대합니다.

라떼아트 기본 도형: 하트·튤립·로제타

라떼아트는 바리스타의 기술과 감각, 예술성이 집약된 결과물로, 한 잔의 커피에 감동을 더해주는 시각적 언어입니다. 특히 하트(Heart), 튤립(Tulip), 로제타(Rosetta)는 라떼아트의 가장 기본적이면서도 핵심적인 도형으로, 이를 숙련도 있게 그려낼 수 있어야 다양한 응용 패턴으로 확장할 수 있습니다. 이 장에서는 이 세 가지 패턴을 중심으로 라떼아트의 원리, 스티밍부터 붓기, 손목 제어까지 전반적인 이론과 실전 노하우를 총체적으로 정리합니다.

라떼아트의 기본 전제

-라떼아트는 스팀 우유의 텍스처, 에스프레소의 크레마 상태, 피칭 기술이 조화를 이뤄야 가능.

-완벽한 마이크로폼 없이 아름다운 아트를 구현할 수 없음.

-컵의 각도, 피처의 위치, 붓는 속도와 높이 모두가 패턴 형성에 영향.

 하트(Heart) 패턴

··패턴 구조

　-중앙에서 시작해 동그란 원을 만들고, 마지막에 컵 위를 가로질러 꺾는 동작으로 하트꼭지 형성.

··붓기 단계

1. 피처를 높게 들어가며 얇은 우유줄기로 잔의 1/3 지점에서 시작(1~2초).
2. 컵 표면 가까이에서 피처를 낮춰 원형을 채워감(3~4초).
3. 피처를 뒤로 당기며 컵 중심을 가로지르며 직선으로 마무리.

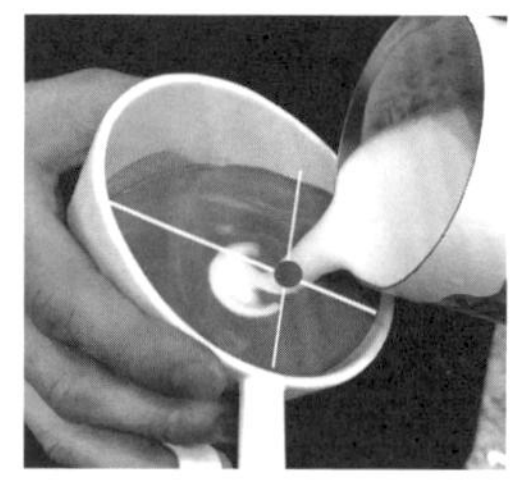

1/3 지점 시작

원형 채우기

직선 마무리

··실수 및 교정

실수	원인	교정
하트 찌그러짐	크레마 약함	추출 조정 또는 컵 흔들림 방지
하트가 퍼짐	폼이 묽음	우유 농도 점검 및 폼 정제
모양 안 나옴	피처 위치 불안정	손목 고정 연습

🍋 튤립(Tulip) 패턴

··패턴 구조

-층층이 겹치는 형태로, 한 번 붓고 멈추는 동작을 반복하며 층을 만들어감.

··붓기 단계

1. 피처를 높이 들어 중심을 타격(기본 원형 만들기).
2. 피처를 낮춰 첫 원을 밀어넣듯 붓기(1층).
3. 피처를 살짝 뒤로 당겨 다음 원을 위에 밀어 넣음(2층).
4. 마지막 층을 그린 후 직선으로 컵을 가로질러 마무리.

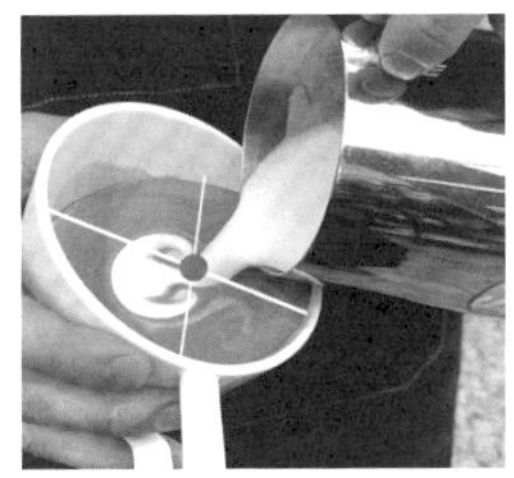

중심 지점 시작

원 밀어 넣기

직선 마무리

··층 조절 포인트

-피처의 앞뒤 이동 거리로 층의 두께 조절.
-우유의 점도와 흐름이 일정해야 겹침이 선명함.

실수	원인	해결 방법
층이 퍼짐	우유 농도 낮음	마이크로폼 재조정
층이 겹치지 않음	이동 속도 빠름	피처 이동 천천히
튤립 끝이 찌그러짐	마무리 직선 불안정	손목 정렬 유지

로제타(Rosetta) 패턴

··패턴 구조

-나뭇잎처럼 생긴 패턴으로, 손목의 좌우
흔들기와 뒤로 당기기 조합으로 형성됨.

··붓기 단계

1. 피처를 높이 들어 중앙을 타격해 크레마 형성.

2. 피처를 낮춰 잎 모양을 좌우 흔들며 생성(왼쪽↔오른쪽).

3. 피처를 서서히 뒤로 당기며 리듬 유지.

4. 끝에 피처를 들어 올려 컵을 가로지르며 마무리.

중심 지점 시작

좌우 흔들며 잎 모양 생성

피처를 뒤로 당기며 리듬 유지

직선 마무리

-손목의 미세한 흔들림과 피처의 일관된 이동.

-일정한 속도, 일정한 우유 점도.

-좌우 간격과 리듬이 로제타의 곡선 품질을 결정.

실수	원인	교정 방법
잎 간격 불균형	흔들기 속도 불일치	리듬 훈련 필요
줄기가 흐릿함	마무리 선 부족	빠르게 피처 올려 직선 마무리
로제타 뭉침	피처 높이 낮음	피처 약간 올려 우유 흐름 분산

🍋 라떼아트의 5대 요소

1. 에스프레소 추출: 크레마가 풍성하고 탄탄해야 아트가 또렷함.

2. 우유 텍스처: 마이크로폼 완성도는 아트의 베이스.

3. 피처 조작: 각도, 높이, 이동 속도 등 손동작이 핵심.

4. 컵의 움직임: 컵을 고정해야 패턴의 중심이 안정됨.

5. 속도와 타이밍: 붓는 속도와 높이 전환 타이밍이 모양에 직접 영향.

🍋 연습 루틴 제안

-매일 동일한 에스프레소 샷 + 동일한 피처 + 동일 온도의 우유로 연습.

-하루 한 가지 도형만 반복 → 습관화 유도.

-연습용 잔에 물 + 세제 스티밍 → 낭비 최소화.

-영상 촬영 후 모양 분석 및 피드백.

단계	하트	튤립	로제타
입문	정원형 하트 완성	2~3층 튤립	짧은 잎 모양 반복
중급	상단 정렬 하트	4~5층 튤립, 균형 조절	리듬 유지한 정렬된 로제타
고급	컵 중앙 하트 위치	6층 이상 튤립	10줄 이상 긴 로제타 + 마무리 정교함

🍋 도형 응용과 조합

-하트+튤립 → 하트 튤립(마무리를 하트로).

-로제타+하트 → 로제타 위 하트 덮기.

-튤립+로제타 → 잎 속에 층 배치로 레이어 효과 연출.

라떼아트는 단순한 장식이 아닙니다. 한 잔의 커피에 대한 바리스타의 태도와 손끝의 세심함, 그리고 고객에게 감동을 전하려는 마음이 담긴 커뮤니케이션 방식입니다. 하트, 튤립, 로제타는 그 기본 언어이자 모든 응용의 출발점입니다. 이 장을 통해 여러분이 더 정확하고 세련된 라떼아트를 구현할 수 있기를 바랍니다. 연습과 관찰, 반복이 아름다운 도형을 만들어줍니다.

라떼아트 실패 유형과 교정법

"왜 이렇게 안 되지?" 이 말 뒤에 숨은 원인을 함께 찾아보자

라떼아트는 실패에서 출발한다

라떼아트를 처음 시작하면, 하트 하나도 마음대로 안 그려져서 "내 손이 문제인가?"라는 생각부터 들죠. 하지만 그건 아주 자연스러운 과정이에요. 우유 스티밍, 에스프레소 크레마, 붓기 각도, 속도, 온도 등 수많은 조건이 동시에 맞아야 하거든요.

중요한 건 그 '왜 안 되었는가'를 알아채는 거예요. 그걸 알면 매일의 연습이, 단순한 반복이 아니라 '교정의 시간'이 되니까요.

실패의 80%는 '우유'에서 시작된다

라떼아트는 붓기 전에 이미 결과가 정해져 있다는 말이 있어요. 그만큼 우유 스티밍이 중요하다는 뜻이죠.

-현상: 컵 위에 떠다니는 흰 덩어리···, 미세한 거품은커녕 생크림처럼 뚝뚝 떨어져요.

-원인: 공기 주입이 너무 오래되었거나 피처가 너무 위에 있어서 우유 표면에 계속 바람이 들어간 경우 회전을 안 해서 거품이 정리되지 않았을 수도 있어요.

-교정 팁: 스팀 시작 후 1~2초 정도만 살짝 치익~ 공기 주입을 해주세요. 바로 피처를 살짝 아래로 내려서 우유를 부드럽게 회전시켜요. 회전 소리는 너무 시끄럽지 않게, 물결처럼 들리는 게 좋아요.

-현상: 뭔가 그리려고 부었는데, 그냥 색만 퍼져요. 라떼아트가 아예 나타나질 않아요.

-원인: 공기 주입이 거의 없었거나 너무 늦게 넣어서 우유 온도만 올라가고 폼이 안 생겼을 수도 있어요.

-교정 팁: 손바닥으로 피처를 감쌌을 때 '따뜻해졌다' 싶을 무렵이면 공기 주입은 끝나야 해요. 너무 늦게 넣으면 단백질이 이미 변성돼서 폼이 안 생깁니다. 꼭 회전을 동반하면서, 부드러운 미세 폼을 만들어주세요.

붓기는 그야말로 '지휘자'의 손이에요. 잘 만든 우유와 크레마도, 손의 높이와 각도, 리듬이 어긋나면 예쁜 도형이 아니라 얼룩으로 남죠.

·· 실패 유형 3: 하트가 찌그러졌어요.

-현상: 그릴 땐 하트라고 생각했는데, 막상 보면 구름처럼 번져 있어요.

-원인: 피처를 너무 낮게 붙이고 붓기 시작함. 중앙에 정확히 붓지 않았거나 마지막 당기기가 없이 그냥 붓기만 한 경우.

-교정 팁: 처음에는 약간 높게 떨어뜨려서 컵 바닥까지 우유를 보내고, 폼이 올라오기 시작하면 피처를 표면에 가까이 붙여서 중앙에 밀어 넣어요. 마지막엔 손목을 살짝 틀어 당기듯이 뒷줄기를 그어야 '하트'로 완성돼요.

·· 실패 유형 4: 튤립이 하나로 퍼졌어요.

-현상: 층층이 넣어야 하는 튤립이, 그저 하나의 덩어리처럼 보여요.

-원인: 피처의 위치를 바꾸지 않고 계속 같은 자리에만 붓는 경우. 우유 점성이 약해 층이 분리되지 않고 섞여버린 경우.

-교정 팁: 첫 번째 도형을 넣고 피처를 살짝 뒤로 이동 → 두 번째 도형 → 또 살짝 뒤로 이동. 붓는 위치는 계속 바뀌어야 도형이 겹쳐지지 않고 분리

돼요. 각 도형의 밀어넣기 강도도 동일하게 유지하면 좋습니다.

-현상: 예쁜 잎사귀를 만들고 싶었는데, 흐릿하게 하나의 곡선만 남았어요.

-원인: 흔들림이 너무 빠르거나 불균형함. 손목이 따라가지 못해서 피처 흔들림이 틀어짐. 크레마가 얇아 버티지 못하고 퍼져버림.

-교정 팁: 피처는 손가락이 아닌 팔 전체로 부드럽게 좌우 리듬을 주며 흔들어 주세요. 흔들리는 간격은 좁고 일정하게, 리듬은 '딱딱딱'이 아니라 '슥슥슥' 마지막 줄기를 당길 땐 강하고 직선으로 당겨서 마무리해 주세요.

🍋 바리스타를 위한 훈련 루틴

라떼아트는 단순히 '많이 붓는다고 느는 게 아닌' 기술이에요. 연습에 의도와 방향이 있어야 해요.

피처에 물 + 약간의 세제 = 연습용 마이크로폼.
스팀 소리, 회전 리듬, 손의 각도를 익히는 데 좋아요.

월: 하트

화: 튤립

수: 로제타

하루에 하나만 집중해서 10~20번 반복해 보세요. 영상으로 찍어서 손의 높이, 기울기, 붓는 각도까지 확인하면 금방 늘어요.

라떼아트의 실패는 문제풀이가 아닌 '해석'이다

라떼아트는 정답이 있는 기술이 아니에요. '이건 실패'가 아니라, '왜 이렇게 나왔지?'를 분석하는 눈이 생기면 어떤 도형도 언젠가는 완성할 수 있어요.

거품이 크면? → 공기 너무 많이 넣었구나.

하트가 안 보여? → 밀어넣기가 부족했나 보다.

이렇게 분석하고, 다음 컵에서 그걸 수정해 보는 것. 그게 실력이 됩니다.

라떼아트는 결국, 커피 위에 그리는 '나의 태도'예요. 익숙해질수록, 조급하지 않을수록 내 손에서 나오는 곡선도 부드러워진답니다.

천천히, 그러나 꾸준히. 그리고 실패를 기록하면서 연습해 보세요. 그게 진짜 바리스타의 연습법이에요.

6장

커피 맛을 읽는 힘

커핑의 개념과 기본 프로토콜

커핑이란 무엇인가요?

커핑(Cupping)은 커피의 맛과 향을 가장 객관적으로 평가할 수 있는 방법입니다. 생두의 품질을 확인할 때, 로스팅 프로파일을 테스트할 때, 또는 서로 다른 원두의 향미를 비교하고 기록할 때, 전 세계의 바리스타, 로스터, 생두 감별사들이 공통적으로 사용하는 기술이지요.

커핑은 단순한 테이스팅이 아닙니다. 한 잔의 커피가 어떤 산지에서 어떤 품종으로 자랐고, 어떤 방식으로 가공되었으며, 로스팅을 거쳐 컵에 담기기까지의 모든 이야기를 맛과 향을 통해 '읽어내는 과정'이라고 할 수 있습니다. 커핑을 익힌다는 것은 커피를 이해하는 능력을 키우는 것이고, 그 이해는 바리스타로서 여러분의 커피를 더 깊이 있게 만들어 줄 것입니다.

바리스타에게 왜 커핑이 필요할까요?

커핑은 흔히 '생두를 고를 때 쓰는 전문가의 평가법' 정도로 오해되곤 합니다. 하지만 현장에서 커피를 직접 추출하고, 손님께 추천하고, 팀원들과 소통해야 하는 바리스타에게는 커핑이야말로 꼭 필요한 감각 훈련입니다.

🍋 추출의 방향을 세울 수 있습니다

커핑을 통해 원두의 산미, 단맛, 바디감, 후미 등을 정확히 파악하면 그에 맞는 추출 온도, 레시피, 브루잉 방식 등을 선택할 수 있습니다.

🍋 설명력 있는 바리스타가 될 수 있습니다

"상큼한 맛이 나요"라는 말과 "귤처럼 밝고 빠르게 퍼지는 산미예요"라는 표현은 완전히 다릅니다. 커핑을 통해 향미를 구체적으로 느끼고 언어로 표현하는 연습이 쌓여야 설득력 있는 바리스타로 성장할 수 있어요.

🍋 팀원과 함께 '맛의 언어'를 공유할 수 있습니다

같은 원두를 다루더라도 팀원마다 느끼는 향미는 다를 수 있습니다. 커핑은 그 차이를 조율하고, 감각의 기준을 맞추는 훈련입니다. 좋은 커피를 함께 완성하기 위한 '공용어'라고 생각하시면 됩니다.

🍋 커핑을 위한 기본 도구

커핑을 하려면 특별한 도구가 많이 필요한 건 아니지만, 정확하고 일관된 결과를 위한 기본 세팅은 꼭 필요합니다. 아래는 가장 일반적인 커핑 세팅 도구입니다.

· 커핑볼(200~250ml): 내열 유리나 도자기 재질 권장.

· 커핑 스푼: 둥글고 깊은 금속 스푼(전용 스푼 사용 시 더 좋습니다).

· 디지털 저울: 0.1g 단위 정밀 계량 가능해야 합니다.

· 타이머: 브루밍, 브레이크, 테이스팅 시간 체크.

· 정수된 물: TDS 100~150ppm, 93~95도 내외.

· 커핑 노트: 향미 기록, 점수 기입용.

· 분쇄기: 균일한 분쇄를 위해 바리스타급 그라인더 추천.

청결한 환경도 무엇보다 중요합니다. 스푼, 커핑볼, 테이블, 물컵, 린넨 등은 모두 깔끔하게 준비해 주세요.

🍋 커핑을 위한 사전 준비

··로스팅

커핑용 원두는 일반적으로 라이트~미디엄 로스트가 적절합니다. 향미를 드러내는 데 목적이 있으므로, 다크로스트는 피하시는 게 좋아요. 로스팅 후 8시간~24시간 이내 사용 권장합니다. 너무 신선해도 가스가 빠지지 않아 향미에 방해가 됩니다.

··분쇄

브루잉보다 조금 더 굵은 정도로 분쇄해 주세요. 즉, 프렌치프레스와 V60 사이 정도의 굵기가 적당합니다. 분쇄 직후부터 향이 휘발되기 시작하므로, 커핑 직전에 바로 분쇄해 주세요.

··계량

일반적으로 원두 8.25g, 물 150ml가 표준입니다(요즘은 12g / 200ml도 많이 사용됩니다). 원두는 동일한 것을 최소 5잔 이상 준비하는 것이 좋습니다. → 이유는 샘플 간 편차 확인 및 재확인 때문입니다.

🍋 커핑의 진행 단계(Dry Aroma~Tasting)

커핑은 순서가 아주 중요합니다. 각 단계마다 커피가 주는 메시지가 다르기 때문에

하나하나의 순간을 놓치지 않고 느껴보는 것이 중요합니다.

① 드라이 아로마(Dry Aroma)

분쇄한 커피를 커핑볼에 담고, 아직 물을 붓기 전의 상태에서 향을 맡아봅니다. 이때는 로스팅 향, 가공 향, 생두의 특징이 고스란히 느껴지죠(예: 꽃향, 초콜릿, 고소함, 꿀, 건과일, 나무, 흙 등). 이 순간이 향미의 첫인상입니다. 커피에 대한 첫 감각을 받아들이는 단계로, 이후 평가와도 연결되므로 꼭 집중해서 기록해 주세요.

② 물 붓기(Blooming)

93~95℃의 물을 정해진 양만큼 붓습니다. 보통은 한 번에 컵의 90% 정도를 채우는 양을 붓고, 그 위에 두툼한 '커피 껍질(크러스트)'이 형성됩니다. 이때 타이머를 4분으로 맞추고 시작합니다. 붓는 방식은 중앙에서 원을 그리며 균일하게 퍼지도록 해주세요. 물을 붓는 동작도 평가의 일부입니다. 급하게 붓거나 흔들리면 추출에 영향을 주어 향미 판단이 달라질 수 있어요.

③ 크러스트 브레이크(Break the Crust) - 4분

4분이 되면, 스푼으로 표면의 커피 껍질을 '부수듯' 천천히 저어줍니다. 이 순간이 향미가 가장 진하게 퍼져 나오는 순간이에요. 스푼을 코 가까이에 두고 향을 맡아보세요. Dry Aroma와 얼마나 비슷한지, 달라졌는지 비교해보세요. 가능한 코와 입 가까이에서 향을 강하게 들이마시듯 감각을 열어주는 자세가 중요합니다.

④ 클리닝(Clean the Crust)

향을 맡은 후, 표면에 떠 있는 분쇄물과 거품을 스푼 2개로 깔끔히 걷어냅니다. 이는 클린컵(맑은 뒷맛)을 평가하기 위해 필요한 과정입니다. 이 단계에서 커핑볼의 가장자리까지 깔끔히 정리해 주세요.

⑤ 테이스팅(Tasting)

깨끗한 스푼으로 커피를 떠서 슬러핑(Slurping)합니다. 즉, 강하게 공기를 빨아들이듯 흡입하여 혀 전체와 비강으로 맛과 향을 동시에 느끼는 방식입니다. 커피가 너무 뜨거우면 맛이 제대로 느껴지지 않습니다. 보통 8~10분 후 온도가 조금 내려갔을 때가 가장 좋습니다. 슬러핑 소리는 커핑의 일부입니다. 생각보다 크게, 적극적으로 흡입해주세요! 그래야 혀 전체로 퍼지면서 섬세한 맛까지 느낄 수 있습니다.

SCA 기준 향미 평가 항목

SCA에서는 총 10개의 평가 항목을 기준으로 커핑 점수를 매기며 커피의 품질을 기록합니다.

- Fragrance / Aroma: 분쇄 시와 추출 후의 향기.
- Flavor: 전체적인 맛의 특징.
- Aftertaste: 입 안에 남는 맛과 지속 시간.
- Acidity: 산미의 종류, 강도, 품질.
- Body: 무게감, 질감, 입안의 농도.
- Balance: 향미 요소들의 조화로움.
- Sweetness: 단맛의 존재 여부와 정도.
- Uniformity: 잔마다 맛의 일관성.
- Clean Cup: 잡미나 이물감 없는 맑은 맛.
- Overall: 총체적인 인상(개인의 종합 판단).

각 항목은 6~10점 사이에서 점수를 주며, 결점이 발견되면 '디펙트'로 별도 감점이 발생할 수 있습니다.

🍋 커핑을 잘하기 위한 훈련법

커핑도 감각 훈련입니다. 지속적인 반복과 비교, 기록이 필요합니다.

·· 매일 1커핑 습관

하루 한 가지 원두라도, 짧게 3잔 이상으로 커핑해보세요. 맛과 향의 언어를 몸에 익히는 데 가장 좋은 습관입니다.

·· 커핑 노트를 매번 작성하세요.

"좋음/나쁨"으로 끝내지 말고 "과일 향이 나지만 입안에서 빠르게 사라짐"처럼 구체적인 표현을 해보세요.

·· 비교 커핑 훈련

같은 산지, 다른 가공 방식 / 같은 품종, 다른 로스팅 / 같은 로스팅, 추출 방식만 다르게… 이렇게 두 가지만 바꿔도 차이를 명확히 느끼는 연습이 됩니다.

🍋 실전에서 커핑을 어떻게 활용할 수 있을까요?

커핑은 '시험용 평가'에만 쓰는 것이 아닙니다. 매장 운영과 바리스타 업무 전반에 꼭 필요한 도구입니다.

커피 좀 아는 바리스타 되기

··**신원두 테스트**

로스터리에서 새 원두를 공급받으면 가장 먼저 커핑으로 확인하세요.

→ 추출 온도, 레시피, 설명 멘트까지 방향을 잡을 수 있습니다.

··**추출 밸런스 점검**

오늘 추출이 이상하게 느껴졌다면, 커핑으로 원두의 본래 성향을 다시 확인해보세요.

→ 내가 추출을 잘못했는지, 아니면 원두 자체 이슈인지 판단할 수 있어요.

··**고객 설명 강화**

"산미가 좀 강한 것 같네요."

"이건 자몽처럼 톤이 밝고 시트러스 계열이에요."

이렇게 구체적으로 말할 수 있으려면, 커핑으로 '맛의 어휘'를 키워야 합니다.

커핑은 '커피를 마시는 기술'이 아니라 '커피를 이해하는 태도'입니다. 향을 맡고, 맛을 느끼고, 그것을 기록하며 우리는 매일 커피와 대화하게 됩니다. 여러분의 커핑 노트에는 점수보다 더 중요한 것이 담겨 있을 거예요. 그건 '느낄 줄 아는 바리스타'가 되어가는 과정 그 자체입니다.

맛 표현을 위한 기본 어휘

"맛있다"라는 말만으론 다 설명되지 않아요.

🍋 왜 '맛의 언어'가 필요할까요?

바리스타로서 커피를 이해하고 전달하는 데 있어 가장 중요한 역량 중 하나는 바로 향미를 표현하는 능력입니다. 커피를 매일 추출하고 마시더라도, 그 향과 맛을 정확한 언어로 설명할 수 없다면, 나 자신뿐 아니라 팀원, 고객과의 소통에서도 한계가 생기게 됩니다.

'맛있어요'라는 말로는 설명이 부족합니다. 어떤 사람에겐 '달달한 디저트' 같은 의미일 수 있고, 어떤 사람에겐 '신선한 산미가 강조된 커피'일 수도 있지요. 맛을 표현하는 언어는 바리스타의 감각을 더 예민하게 만들고, 추출 방향을 정할 때, 손님에게 메뉴를 추천할 때, 그리고 팀원과 향미를 공유할 때 정확한 소통의 도구가 되어줍니다.

🍋 감각은 '분류'에서 시작합니다

맛을 표현하기 위한 첫걸음은 감각을 분류하는 것입니다. SCA(Specialty Coffee Association)는 커피 향미를 체계적으로 정리한 도구로 '플레이버 휠(Flavor Wheel)'을 제공합니다. 플레이버 휠은 중심에서부터 바깥쪽으로 갈수록 세부적이고 구체적인 향미 단어로 확장됩니다.

예를 들어보겠습니다.

중심 범주: 과일(Fruit)
└ 세부 분류: 시트러스(Citrus)
└ 구체적 표현: 레몬, 자몽, 라임

이처럼 단계적인 언어 확장 구조를 이해하면 단순한 느낌이 아닌, 좀 더 구체적이고 정확한 설명이 가능해집니다.

🍋 기본 향미 어휘 분류와 실전 예시

다음은 커피 테이스팅에서 자주 사용되는 기본 향미 표현들을 범주별로 정리한 어휘 가이드입니다. 이 어휘들은 실전 커핑이나 고객 응대, 메뉴 개발에도 바로 사용할 수 있습니다.

 과일 향미는 커피에서 가장 다양하게 표현되는 범주입니다. 가벼운 산미부터 진한 단맛, 발효된 느낌까지 모두 이쪽에서 나옵니다. 내추럴 가공 커피나 에티오피아, 케냐 계열에서 과일 향미가 강하게 드러납니다.

구분	어휘 예시	설명
시트러스	레몬, 라임, 자몽, 오렌지	상큼하고 밝은 산미, 클렌징 효과
붉은 과일	체리, 크랜베리, 석류	선명하고 산뜻한 단맛과 산미
노란 과일	복숭아, 망고, 살구	부드럽고 향기로운 과즙 향
건과일	건포도, 무화과, 대추	진하고 응축된 단맛과 깊은 향

 로스팅의 정도와 원두의 품종에 따라 초콜릿 향미가 강하게 느껴지는 경우가 많습니다. 초콜릿 향미는 브라질, 콜롬비아, 과테말라 계열의 중배전 커피에서 자주 나타납니다.

구분	어휘 예시	설명
밀크초콜릿	부드럽고 단맛 위주의 향	중간 바디감과 부드러운 여운
다크초콜릿	강한 쓴맛과 깊은 무게감	고온 로스팅된 커피에서 나타남
카카오닙	생초콜릿 느낌	거칠지만 리치한 느낌 동반
토피 / 브라우니	캐러멜과 초콜릿 복합	진한 디저트 향미

‥너티 계열(Nutty)

고소한 풍미는 대중적이며 라떼 베이스에 잘 어울립니다. 고소함은 일반적으로 바디감과 연결되어 함께 설명됩니다.

구분	어휘 예시	설명
아몬드	깔끔하고 담백한 고소함	중배전 이상에서 자주 느껴짐
헤이즐넛	향긋하면서 단향이 섞인 고소함	달콤한 라떼와 잘 어울림
땅콩	바디감이 느껴지는 고소함	무거운 느낌의 베이스 커피에서 사용
캐슈넛	크리미하고 부드러운 너티	라이트한 블렌딩에서 표현 가능

‥곡물베이커리 계열(Grainy / Bready)

로스팅 과정에서 나오는 곡물향은 바디감이나 따뜻한 뉘앙스를 부여해줍니다. 따뜻하고 묵직한 베이스향 표현 시 사용됩니다.

구분	어휘 예시	설명
통밀빵	구수하고 고소한 뉘앙스	후미에 남는 베이스로 적절
오트밀	부드럽고 진득한 느낌	곡물계 커피에서 자주 표현됨
쿠키	고소하면서 단맛이 있는 향	밀크초콜릿과 자주 조합
그래놀라	시리얼의 바삭함과 단맛	블렌딩 커피 향미 설명에 활용

‥발효 / 와인 / 스파이스 계열 향미 어휘

이 계열은 커피가 주는 독특한 '개성'을 표현할 때 많이 쓰이는 향미입니다. 특히 내추럴, 허니 프로세싱처럼 발효의 개입이 있는 커피에서 이런 향미가 뚜렷하게 드러납니다. 이런 향미는 누구에겐 매력적으로 느껴지고,

또 어떤 분들에겐 낯설게 느껴질 수 있습니다. 그만큼 설명이 필요하고, 말로 풀어내야 이해되는 영역이에요.

계열	어휘 예시	설명
발효감 (Fermented)	건포도, 오미자, 발사믹	과일이 발효되었을 때의 새콤한 느낌. 다소 복합적이고 진함
와인(Winey)	레드와인, 포도주, 와인 식초	산도와 단맛이 함께 있는 숙성된 향미
건과일(Dried Fruit)	무화과, 대추, 말린 살구	진하고 묵직한 단맛, 발효 후 단맛이 응축된 느낌
향신료(Spicy)	시나몬, 정향, 팔각	후미나 잔향에 느껴지는 향신료 느낌. 흔히 에티오피아 건식 가공에서 발생

🍋 바디감, 밸런스, 애프터테이스트 표현법

커피를 평가할 때, 맛뿐 아니라 '질감'과 '구조'를 표현하는 것도 매우 중요합니다. 특히 바디, 밸런스, 애프터는 커피의 전반적인 인상을 좌우하는 요소입니다.

·· 바디감(Body)

커피를 마실 때 입안에서 느껴지는 '무게감'과 '질감'을 뜻합니다. 바디는 입안에서의 '촉감'이기 때문에 마치 액체의 점도처럼 느껴보시면 좋습니다.

유형	예시 표현	설명
가벼운 바디	"홍차처럼 맑고 가볍습니다"	산뜻하고 투명한 질감, 주로 라이트 로스트
중간 바디	"적당한 밀도감과 매끄러움이 있어요"	밸런스 있는 브루잉용 싱글오리진
묵직한 바디	"크림처럼 진하고 입에 감깁니다"	다크로스트, 브라질·인도네시아 계열에서 자주 발생

··밸런스(Balance)

여러 향미 요소들 간의 조화를 말합니다. 산미, 단맛, 쓴맛이 어떻게 균형을 이루고 있는지를 파악하는 것이죠. 밸런스는 맛뿐 아니라 맛의 흐름을 보는 것이 중요합니다.

커피가 입에 머무는 시작부터 끝까지가 얼마나 자연스러운지를 살펴보세요.

평가 기준	예시 표현
매우 좋음	"산미와 단맛이 자연스럽게 연결되며, 여운까지 매끄럽습니다."
보통	"산미와 바디는 좋은데, 단맛이 조금 부족합니다."
부족함	"산미가 강하게 튀고, 여운이 흐트러져요."

··애프터테이스트(Aftertaste)

커피를 삼킨 뒤에 입안에 남는 여운입니다. 좋은 커피는 이 여운이 '깔끔하거나 감미롭고 길게' 남습니다. 커피의 마무리는 기억에 오래 남는 '감동'입니다. 애프터테이스트에 주목해 보세요.

유형	예시 표현
깔끔함	"입 안이 맑고 정리된 느낌이에요."
감미로운 여운	"끝에 꿀 같은 단맛이 오래 남습니다."
과일 여운	"감귤류의 잔향이 입안에 맴돌아요."
텁텁함	"끝맛이 약간 무겁고 거칩니다."

표현을 조합하는 실제 문장 예시

실제 현장에서 사용할 수 있는 향미 설명 문장을 몇 가지 카테고리로 나누어 예시로 보여드릴게요.

··산미 강조형 커피

"청사과와 레몬을 섞은 듯한 산미가 상큼하게 시작돼요. 중간에는 꿀 같은 단맛이 균형을 잡아주고, 마무리는 자몽의 가벼운 쌉쌀함이 입안에 남습니다."

··바디 강조형 커피

"밀크초콜릿과 브라우니의 풍미가 중심을 잡고 있어요. 입안에서 묵직하게 감기면서, 땅콩버터 같은 고소함이 은은하게 이어져요."

커피 좀 아는 바리스타 되기

"건포도와 레드와인이 복합적으로 어우러진 향미예요. 첫 느낌은 약간 발효된 과일 느낌이고, 삼키고 나면 약간의 시나몬과 블랙티 여운이 남습니다."

이처럼 1) 시작 맛 → 2) 중심 풍미 → 3) 여운 순으로 향미를 스토리처럼 설명하면 듣는 사람도 훨씬 이해하기 쉬워집니다.

🍋 바리스타의 향미 언어 훈련법

향미를 잘 표현하는 바리스타가 되기 위해선, 다음과 같은 훈련 루틴이 큰 도움이 됩니다.

··매일 한 단어 외우기

오늘의 단어: "캐러멜라이즈드 설탕"

→ 어떤 느낌인지 실제 시럽이나 디저트를 먹어보며 연결시켜 보세요.

··팀원과 커핑 후 대화 나누기

"이 커피, 자몽 같지 않아?"

"난 약간 레몬티 느낌도 나는 것 같아."

→ 서로의 표현을 듣고 비교하면 어휘가 확장됩니다.

한 잔의 커피를 마신 후 향미를 3단계(시작, 중심, 여운)로 나누어 기록해 보세요. 맛은 휘발되지만, 기록된 표현은 감각의 기억이 됩니다.

🍋 '맛을 말할 수 있는 바리스타'로 성장하기

커피를 잘 만드는 것만큼 커피를 잘 설명할 수 있는 바리스타도 매우 중요합니다. '좋다', '맛있다', '상큼하다' 같은 표현도 괜찮지만 그 안에서 조금씩 더 구체적으로 표현해보세요. "라임 같은 상큼함", "묵직한 카카오 바디", "은은한 꿀의 여운" 이런 문장은 듣는 이에게 깊은 인상을 남깁니다.

이렇게 하다 보면 어느 순간, 여러분은 '맛을 만들어내는 사람'에서 '맛을 말할 수 있는 사람'으로 성장해 있을 거예요.

산미, 단맛, 바디의 감각 훈련

🍋 "느끼는 능력도 훈련할 수 있습니다."

맛은 '감각'입니다. 그리고 감각은 '훈련'할 수 있습니다.

커핑이나 추출 평가를 할 때 바리스타가 가장 자주 듣는 말이 있습니다. "산미가 좀 강하네요", "이 커피는 단맛이 좋아요", "바디감이 꽤 묵직하죠?" 하지만 이런 표현을 처음 접하는 분들에겐 어쩌면 추상적으로 느껴질 수도 있어요.

"산미가 있다는 건, 레몬처럼 신 건가요?"
"단맛이란 설탕 탄 것처럼 단 건가요?"
"바디감은 왜 커피에 무게가 있다는 건가요?"

이 질문들 모두 너무나 좋은 출발입니다. 왜냐하면 향미 감각은 '누구나 훈련 가능한 감각'이기 때문입니다. 이 장에서는 바리스타로서 꼭 훈련해야 할 세 가지 핵심 감각, '산미, 단맛, 바디'에 대해 하나씩 구체적인 예시와 훈련 방법을 통해 정리해드리겠습니다.

🍋 산미(Acidity)의 감각 훈련

산미는 커피에서 가장 오해받기 쉬운 맛이자, 스페셜티 커피에서 가장 가치 있는 향미 중 하나입니다. '신맛'이라고 하면 떠오르는 부정적인 인상들— 레몬즙처럼 자극적이고, 위에 부담을 주고, 얼굴을 찌푸리게 만드는— 이런 인식 때문에, 많은 분들이 산미를 꺼리기도 합니다. 하지만 커피의 산미는 그런 단순한 자극이 아닙니다. 과일의 밝고 생동감 있는 느낌, 균형 잡힌 톤, 복합적인 향미의 중심축이 바로 산미에 달려 있습니다.

··산미의 유형별 분류

산미에도 여러 종류가 있습니다. 단지 '강하다/약하다'로만 나누지 말고 어떤 계열의 산미인지, 어떤 과일과 유사한지를 분류해보는 것이 훈련의 핵심입니다.

유형	예시 표현
깔끔함	"입 안이 맑고 정리된 느낌이에요."
감미로운 여운	"끝에 꿀 같은 단맛이 오래 남습니다."
과일 여운	"감귤류의 잔향이 입안에 맴돌아요."
텁텁함	"끝맛이 약간 무겁고 거칩니다."

-훈련 팁: 다양한 과일 주스, 생과일을 비교 시음하며 산미 계열을 구분해 보세요.

→ 레몬즙 vs 청사과즙 vs 포도즙 → 각각의 산도는 확실히 다릅니다.

·· 산미 감각 훈련 루틴

-매일 한 가지 과일의 산미를 메모해보세요.

예: "오늘 마신 레몬수는 혀 끝을 자극했고, 금방 사라졌다."

예: "청사과는 처음엔 상큼했지만, 뒷맛이 달았다."

-커핑 시 산미 기록은 반드시 '정도 + 계열'을 함께 쓰세요.

"산미 강함(시트러스)"

"산미 중간(말산 느낌)"

"산미 약함(유산형)" 등

-같은 커피를 브루잉 방식별로 비교해 보세요.

V60 vs 프렌치프레스 vs 에어로프레스→ 같은 원두도 추출 방식에 따라 산미 톤이 다르게 느껴집니다.

🍋 단맛(Sweetness)의 이해와 감각 훈련

·· 커피의 단맛은 설탕의 단맛과는 다릅니다

많은 분들이 "이 커피는 단맛이 좋다"라는 표현을 들으면 설탕이나 꿀처럼 강하고 인위적인 단맛을 떠올리기 쉽습니다. 하지만 커피의 단맛은 대부분 자연스럽고 은은한, 복합적인 단맛입니다.

스페셜티 커피에서 말하는 단맛은 '잘 익은 과일에서 느껴지는 당도', '부드러운 시럽 같은 텍스처', '쓴맛, 산미와 균형을 이루는 뒷받침 역할'에 가깝습니다.

단맛은 산미나 바디와 함께 묶어서 평가하면 더 정확하게 인식할 수 있습니다.

··**단맛의 유형과 비교 표현**

단맛 유형	예시 표현	특징
꿀 같은 단맛	"아카시아꿀처럼 부드럽고 은은해요"	내추럴 가공 커피나 라틴아메리카 계열
시럽 계열 단맛	"설탕시럽처럼 투명한 단맛이에요"	워시드 커피, 균형형 블렌드
과일의 단맛	"잘 익은 복숭아나 살구 같은 당미예요"	밝은 산미와 함께할 때 풍부함
캐러멜/토피	"카라멜라이징된 설탕의 느낌이에요"	중배전 이상, 브라질·과테말라 계열

단맛 훈련법

··**비교 훈련**

같은 커피를 서로 다른 온도에서 마셔보세요. → 따뜻할 때보다 식었을 때 단맛이 더 도드라지게 느껴집니다. 이유는 단맛 수용체가 낮은 온도에서 민감해지기 때문이에요.

⋯디저트로 감각 훈련

흑설탕 vs 꿀 vs 설탕시럽 vs 캐러멜을 비교 테이스팅 → 미묘하게 다른 단맛의 질감, 여운, 농도를 느껴보는 연습입니다.

⋯단맛 중심의 커핑 노트 작성

단맛이 강한 커피를 마신 후, '어떤 느낌의 단맛이었는가'를 구체적으로 적어보세요.

🍋 바디(Body)의 감각 훈련

⋯바디란, 맛이 아니라 '입안에서 느끼는 질감'입니다.

"이 커피는 바디가 좋아요"라는 말을 듣고 '그게 도대체 무슨 뜻이지?'라고 느끼셨던 적이 있나요? 바디란 커피의 무게감, 밀도감, 점도, 입에 남는 감촉을 뜻합니다. 맛 자체보다는 '촉감'에 가깝기 때문에, 처음에는 막연하게 느껴질 수 있지만 의식적으로 훈련하면 명확히 구분할 수 있게 됩니다.

🍋 바디감의 유형과 비교 표현

바디 유형	예시 표현	특징
라이트 바디	"홍차처럼 가볍고 맑아요"	산미 중심, 워시드 가공 커피
미디엄 바디	"입안에 둥글게 감기고 적당히 부드러워요"	밸런스 중심 블렌드
풀 바디	"묵직하고 크림처럼 입안에 남아요"	다크로스트, 브라질·인도네시아계

물이나 홍차, 두유, 전유 등 액체를 비교해서 마셔보며 '무게감'이 어떤 차이를 만드는지 체감해보는 것도 도움이 됩니다.

··바디 훈련 루틴

-입안의 촉감을 집중하며 음미하기 → 한 모금 마신 후, 혀 위에 머물게 한 뒤 천천히 삼키세요. 삼킨 후에도 입안에 잔여감이 얼마나 남는지, 목넘김이 어떤지 기록해보세요.

-우유 종류 비교 테이스팅 → 두유 vs 저지방 우유 vs 전유 → 입안의 점도감 차이를 느껴보면, 커피에서도 바디감을 인지하기 쉬워집니다.

🍋 산미·단맛·바디를 통합하는 커핑 루틴

이제 세 가지 감각을 따로 훈련했다면, 커핑에서는 이 세 가지 감각을 동시에 분리하고 통합하는 연습이 필요합니다.

커피 좀 아는 바리스타 되기

🍋 추천 커핑 루틴 예시

원두 3종을 선택(예: 에티오피아 내추럴 / 과테말라 워시드 / 브라질 중배전)하여 동일 분쇄, 동일 온도, 동일 물로 브루잉. 시음하면서 다음 항목을 체크합니다.

항목	에티오피아	과테말라	브라질
산미	강함 (자몽)	중간 (레몬)	약함 (거의 없음)
단맛	중간 (건포도)	강함 (꿀)	강함 (토피)
바디	가벼움	중간	묵직함 (버터 느낌)

이런 방식으로 비교 평가를 반복하면 세 감각의 기준이 점점 명확해지고, 감각 언어도 자연스럽게 쌓이게 됩니다.

🍋 실전 테이스팅 노트 작성법

향미 훈련에서 가장 중요한 건 기록을 남기고, 돌아보고, 비교하는 과정입니다.

다음은 실전 테이스팅 노트 작성의 핵심 구조입니다.

- 커피명:
- 로스팅일:
- 브루잉 방식:
- 산미: ○ 강함 / 중간 / 약함(계열: 레몬, 자몽, 말산 등)
- 단맛: ○ 꿀 / 시럽 / 과일 / 없음
- 바디: ○ 가볍다 / 중간 / 무겁다
- 향미 노트: (예: 레몬, 꿀, 아몬드, 시나몬 등)
- 애프터테이스트: (예: 깔끔함 / 초콜릿 잔향 / 약간의 텁텁함 등)
- 종합 인상: "산뜻하고 여운이 짧은 커피. 아이스 브루잉에 적합할 듯."

익숙해질수록 '내 스타일'의 노트를 만드셔도 괜찮습니다. 단, 감각을 구체적인 언어로 표현하는 훈련은 꼭 포함해 주세요. 감각은 훈련될수록 선명해집니다. 처음엔 산미도, 단맛도, 바디감도 "그게 뭔지 모르겠어요"라고 느끼실 수 있습니다. 그건 아주 자연스러운 과정입니다.

하지만 매일 커피를 마시며 '이건 어떤 느낌일까'라고 질문해보는 습관, 한 줄이라도 테이스팅 노트를 남겨보는 훈련, 팀원들과 같은 커피를 놓고 의견을 나누는 경험은 감각을 단련시키는 최고의 방법입니다. 마치 사진을 처음 배울 때 빛의 각도를 알게 되고, 음악을 처음 접할 때 리듬이 귀에 들어오듯, 커피도 감각을 들이기 시작하면 더 많은 맛이 보이게 됩니다.

그때부터 여러분은 그냥 '커피를 마시는 사람'이 아니라 '커피를 이해하는 바리스타'가 되어 계실 거예요.

나만의 테이스팅 노트 쓰기

"마신 커피는 사라지지만, 기록된 감각은 남습니다."

🍋 왜 바리스타에게 테이스팅 노트가 필요할까요?

하루에도 몇 잔씩 커피를 마시는 바리스타는 수많은 향미를 경험하고 지나칩니다. 하지만 그 모든 감각이 자동으로 기억에 저장되진 않죠. 시간이 지나면 흐릿해지고, 결국 다시 같은 커피를 만나도 "이거 어디서 마셔본 느낌인데…" 하고 말뿐인 경우가 많습니다. 그래서 테이스팅 노트가 필요합니다.

단지 감각을 기억하는 수첩이 아니라, 나의 감각을 분석하고, 커피를 해석하고, 더 나은 추출과 설명으로 이어지게 하는 바리스타의 '맛의 도구'가 되는 거죠.

🍋 테이스팅 노트는 어떻게 구성되나요?

노트는 반드시 정해진 양식이 있는 건 아닙니다. 중요한 건 나만의 방식으로 커피를 기록하고 표현하는 습관입니다. 하지만 초보 바리스타일수록 '형식'이 있으면 훨씬 도움이 됩니다. 다음은 기본적인 테이스팅 노트 양식입니다.

··포인트는 객관성과 주관성의 균형입니다.

→ 있는 그대로 느낀 감각 + 추출에 반영 가능한 분석

항목	내용
커피명	원두 이름, 생산지, 블렌드명 등
로스팅일 / 추출일	로스팅 후 며칠 경과되었는지
추출 방식	브루잉 도구, 에스프레소 여부 등
향미 노트	향, 맛, 여운 등 구체적인 묘사
산미 / 단맛 / 바디	각각의 강도 및 특성 메모
애프터테이스트	마신 후 남는 감각
종합 인상	한 줄 요약 / 활용 아이디어

초보 바리스타를 위한 테이스팅 노트 훈련법

처음에는 '뭘 써야 할지 모르겠어요'라는 고민이 따를 거예요. 그럴 땐 다음처럼 단계를 나눠서 생각해보면 좋습니다.

Step 1: '기억에 남는 단어 한 개만 쓰기'

처음에는 완벽하게 쓰려고 하지 마세요. 그날 마신 커피에서 가장 인상 깊었던 한 단어만이라도 적어보는 겁니다.

"오늘 커피는 자몽 같았음."

"약간 생강차 느낌?"

"입안이 오히려 시원해졌다."

이런 한 줄이 감각의 시작입니다.

Step 2: 항목별로 질문하기

산미가 있었나요?

어떤 과일을 떠올리게 했나요?

단맛은 느껴졌나요?

입안이 무거웠나요, 가벼웠나요?

이렇게 '스스로에게 질문하면서' 노트를 써보면 훨씬 많은 표현들이 자연스럽게 따라옵니다.

같은 날 두 종류 이상의 커피를 마셨다면 각각의 차이만 기록해도 훌륭한 테이스팅 노트가 됩니다.

A커피: 레몬 산미 + 약한 단맛 + 깔끔한 애프터.

B커피: 자두 산미 + 두터운 단맛 + 묵직한 바디.

차이를 인식하고 기록하는 순간, 감각은 이전보다 훨씬 정교해집니다.

테이스팅 노트에 쓰이는 대표 표현들

표현력이 부족하다고 느낀다면 처음엔 표준화된 단어들을 가져다 쓰는 것도 좋은 방법입니다. 다음은 노트 작성에 자주 활용되는 향미 표현 단어들입니다.

범주	예시 표현
과일	레몬, 자몽, 체리, 복숭아, 건포도
꽃	자스민, 라벤더, 장미, 백합
단맛	꿀, 시럽, 캐러멜, 토피
바디감	크리미, 묵직한, 라이트한, 기름진
애프터	초콜릿 잔향, 시트러스 잔향, 깔끔한 여운
향신료	시나몬, 정향, 생강, 팔각
기타	발효된, 와인 같은, 견과류 느낌, 고소한

이런 표현들을 '맛 어휘 사전'처럼 자주 보고 따라 쓰다 보면 자연스럽게 나만의 문장으로 바뀌기 시작해요.

🍋 테이스팅 노트를 활용한 추출 레시피 개발법

단순한 감각 기록을 넘어, 테이스팅 노트는 레시피 조율과 추출 전략 수립의 실전 도구가 됩니다. 예를 들어, 어떤 커피가 '산미는 뛰어나지만 바디가 약하고 단맛이 부족'하다고 느껴졌다면 그 커피는 추출 시간, 온도, 비율을 조정함으로써 좀 더 입체적인 맛으로 조율할 수 있습니다.

🍋 예시 상황과 대응 레시피

테이스팅 결과	개선 목표	레시피 조정 팁
산미 강하고, 단맛 약함	단맛 강조	추출 온도 ↑ (92→94℃), 총 추출 시간 ↑
바디감 부족, 입안이 비어 있음	무게감 강화	분쇄도 미세하게 더 가늘게, 추출 속도 ↓
단맛 강하나, 마무리 텁텁함	클린컵 향상	분쇄도 조금 더 굵게, 추출량 살짝 줄이기
애프터 짧음, 여운 부족	여운 강화	프리인퓨전 시간 확보, 추출 압력 조정

··테이스팅 노트는 추출 조정의 근거 자료가 됩니다.

그저 '맛이 별로야'가 아니라, '단맛은 좋지만 애프터가 짧으니 물줄기를 나눠야겠다'처럼 구체적인 접근이 가능해지는 거죠.

같은 원두로 3가지 추출 세팅 구성 / 온도, 비율, 분쇄도 혹은 시간 변경 / 각 추출별 테이스팅 후 감각을 기록 / 세 가지 맛을 비교하며 가장 인상 깊은 조합 찾기 / '최적화된 레시피'를 노트에 따로 보관.

이 과정을 통해 나만의 레시피 백서가 만들어집니다.

🍋 나만의 향미 언어를 만들기 위한 연습

누군가는 레몬이라 하고, 누군가는 청사과라 말하는 같은 커피. 이 차이는 '표현의 기준'이 다르기 때문입니다. 즉, 향미 감각은 절대적이지 않고, 주관적인 해석이 포함되어 있지요. 그래서 바리스타에게 중요한 건, '정답에 가까운 표현'보다는 꾸준히 내 방식으로 향미를 묘사하고, 기록하는 연습입니다.

···향미 표현을 넓히는 팁

✔ 실제 과일과 향신료를 자주 경험하세요.

→ 시트러스류, 베리류, 견과류, 꿀, 시나몬 등.

✔ 커핑할 때 이미지나 감정으로 연상해보세요.

→ "이 커피는 생기발랄하다", "깊고 느릿한 느낌", "봄 아침 같다"

✔ 메타포(비유) 표현을 연습해보세요.

→ "자몽 같은 쌉쌀한 산미가 입을 한 번 감싸 안고, 마지막엔 흰 꿀처럼 부드러운 단맛이 여운을 남긴다."

단어는 차곡차곡 쌓여서 자신만의 향미 언어가 됩니다.

다음은 실제 바리스타들이 작성한 테이스팅 노트를 기반으로 한 사례 몇 가지를 재구성한 예입니다.

··**사례 1. 에티오피아 워시드 커피**

커피명: Ethiopia Yirgacheffe G1(워시드)

산미: 밝고 선명함(레몬, 라임 계열).

단맛: 깨끗한 백설탕 단맛.

바디감: 매우 라이트하고 부드러움.

애프터테이스트: 깔끔하지만 약간 짧음.

종합 인상: "레몬티 같은 커피. 아이스 브루잉에 더 적합해 보임. 산미를 좋아하는 고객에게 추천하면 좋을 듯."

··**사례 2. 브라질 내추럴 커피**

커피명: Brazil Cerrado NY2(내추럴)

산미: 거의 없음, 건과일 계열.

단맛: 토피, 카라멜.

바디감: 풀바디, 약간 텁텁함.

애프터테이스트: 초콜릿 잔향 길게 남음.

종합 인상: "에스프레소 기반 음료용으로 매우 좋음. 라떼나 플랫화이트에 적합. 단독 드립으로는 다소 과한 인상."

커피명: Guatemala SHB Antigua

산미: 자몽 + 복숭아.

단맛: 꿀과 살구.

바디감: 미디엄, 부드럽게 감김.

애프터테이스트: 약간의 스파이시함.

종합 인상: "풍성한 밸런스가 인상적. 다채롭지만 정돈되어 있음. 핸드드립, 브루잉 모두에 두루 어울림."

이런 실전 노트들이 쌓이면 손님 응대 / 메뉴 추천 / 레시피 조율 / 팀원 커뮤니케이션 모두 훨씬 깊이 있게 풀어갈 수 있게 됩니다.

한 잔 한 줄, 바리스타의 일기장

테이스팅 노트는 단순한 맛 기록지가 아닙니다. 그날 마신 커피, 그날의 감각, 그날의 기분, 그날 만난 향미를 기억하고 확장하는 도구입니다. 여러분이 적어 내려가는 한 줄 한 줄이 결국은 여러분의 커피 철학이 되고, 여러분만의 커피 스타일을 만들어 줍니다.

마신 커피는 사라지지만, 감각은 기록될수록 선명해지고, 그 기록은 바리스타의 무기가 됩니다. 오늘부터 매일 커피 한 잔, 한 줄로 시작해 보세요. 그 작고 조용한 습관이, 여러분을 더 멋진 커피 사람으로 만들어줄 것입니다.

7장

바리스타의 실무 노트

매장에서 자주 겪는 상황별 대응법

"바리스타는 커피만 다루지 않습니다. 사람도, 순간도 함께 다룹니다."

😋 "이 커피 너무 셔요!"

▶ 상황 설명

손님이 커피를 받자마자 한두 모금 마신 뒤, 불편한 표정으로 말합니다. "아…, 너무 신데요?"

보통 스페셜티 커피에서는 과일산미가 강조되기도 하고, 특히 에티오피아 워시드, 케냐 커피 등에서는 레몬, 자몽 같은 강한 산미가 낯설게 느껴지기도 하죠.

▷ 대처 방법

이때 바리스타는 산미에 대한 간단한 설명 / 고객 감각에 대한 공감 / 원한다면 다른 음료 제안까지 → 이 세 가지를 통해 조화롭게 대응하는 것이 좋습니다.

‥ 실전 멘트 예시

"네, 이 원두는 에티오피아 계열이라 과일 산미가 조금 더 또렷하게 표현돼요. 평소 산미가 적은 커피를 즐기신다면 과테말라 계열이 더 잘 맞으실

수 있어요. 원하시면 교환 도와드릴까요?"

🍋 "라떼가 너무 미지근해요."

▶ 상황 설명

라떼를 제공했는데 손님이 바로 "좀 미지근한데요?"라고 말하는 상황. 스티밍 온도는 보통 60~65도 전후로 맞추지만, 개인의 체감 온도는 편차가 큽니다.

▷ 대처 방법

우선 사과하고 / 기본 제공 온도를 안내하며 / 원한다면 새로 만들어드릴 수 있다는 선택권을 주세요.

‥실전 멘트 예시

"죄송합니다, 저희는 우유의 부드러운 단맛을 위해 스티밍 온도를 60도 전후로 맞추고 있는데요, 고객님께는 조금 낮게 느껴지셨을 수도 있을 것 같아요. 원하시면 더 뜨겁게 다시 준비해드릴게요!"

🍋 "제가 시킨 거랑 다른 게 나왔어요."

▶ 상황 설명

메뉴가 바뀌거나 옵션이 누락되어 나왔을 때 발생하는 상황입니다.

고객 말 먼저 듣고 / ✔ 주문내역 확인 → 실수 인정 시 바로 사과 / 빠른 수정과 적절한 보상 제시.

··실전 멘트 예시

"불편을 드려 정말 죄송합니다. 지금 확인해 보니 고객님께서 아메리카노 아이스를 주문하셨는데 따뜻하게 나간 것 같아요. 바로 새로 준비해드리겠습니다. 잠시만 기다려주실 수 있을까요?"

🍋 메뉴 설명을 요청받을 때

▶상황 설명

"이 커피는 어떤 맛이에요?", "이거랑 저거 차이가 뭐예요?"
이런 질문은 메뉴 지식과 표현력 모두가 시험받는 순간이죠.

▷대처 방법

커피 맛을 추상적이지 않게, 쉽게 공감할 수 있는 단어로 음료나 디저트와의 조합까지 함께 안내해주면 좋습니다.

··실전 멘트 예시

"이 원두는 레몬티처럼 밝고 가벼운 산미가 특징이에요. 단맛도 은은해서 아이스로 마시면 청량감이 좋고요. 반면 과테말라는 초콜릿 같고 바디가 묵직해서 라떼랑도 잘 어울려요!"

🍋 원두나 추출 방식에 대해 질문이 들어올 때

▶ 상황 설명

"핸드드립은 뭐예요?", "이 커피는 어디 산지예요?"

→ 이럴 땐 짧고 정확하면서도, 고객의 관심 수준에 맞춰 설명해야 합니다.

▷ 대처 방법

기술적 설명 + 고객의 궁금증에 맞는 톤 / ✔ 손님 눈높이에 맞는 표현 선택

‥ 실전 멘트 예시

"핸드드립은 바리스타가 직접 내리는 브루잉 도구예요. 그래서 아메리카노보다 좀 더 바디감이 있고 진한 맛이 나요. 이 원두는 과테말라 우에우에테낭고인데요, 견과류 느낌이 고소해서 디저트랑 잘 어울려요."

🍋 재료에 알레르기 있는 손님 응대

▶ 상황 설명

"견과류 들어가나요?", "우유 대신 두유로 되나요?"

→ 건강이나 알레르기에 민감한 손님일 수 있어요.

▷ 대처 방법

정확한 정보 전달 / 대체 가능 재료 안내 / 조심스러운 태도로 신뢰감 제공.

‥실전 멘트 예시

"이 케이크에는 위에 아몬드가 올라가 있는데요, 혹시 알레르기 있으시면 다른 디저트를 추천드릴 수도 있어요. 라떼는 오트밀크로 변경도 가능하시고요, 혹시 바꿔드릴까요?"

🍋 커피를 잘 모른다고 하는 손님 대응

▶ 상황 설명

"아무거나 괜찮아요.", "그냥 달달한 거요."

→ 커피 입문자이거나, 선택이 어렵거나, 혹은 친절한 응대를 기대하는 경우입니다.

▷ 대처 방법

추천 메뉴 1~2개 소개 / 질문으로 기호 파악 / 너무 많은 설명보다 가볍고 친근하게

‥실전 멘트 예시

"과일향이 나는 산미를 좋아하시면 에티오피아를, 묵직하고 초콜릿 맛을 좋아하시면 과테말라 추천드릴게요. 우유가 들어간 라떼 종류로 찾으시면 저희 시그니처 메뉴인 시그니처 크림라떼 또는 바닐라빈 라떼를 추천드리고 있습니다."

🍋 너무 까다로운 주문 요청이 들어올 때

"얼음은 반만, 우유는 두유에 뜨겁게, 시럽은 반샷만 넣어주세요."

→ 요청이 많아질수록 실수가 발생하거나 준비 시간이 길어지며 뒤에 대기 줄도 생기게 됩니다.

▷대처 방법

긍정적인 말투로 가능 여부 설명 / 시스템상 어려운 부분은 양해 요청 / 손님의 취향을 존중하되, 무리가 가지 않게 조율.

‥실전 멘트 예시

"네 알겠습니다! 다만 얼음 양이 너무 적으면 커피나 진하게 느껴지실 수 있으니 드셔보시고 다시 말씀해 주세요."

"요청해 주신 대로 시럽은 덜 넣어드릴게요. 드셔보시고 너무 달거나 너무 달지 않을 경우 다시 말씀해 주세요."

🍋 혼잡 시간대 클레임 발생 시 대응법

▶상황 설명

주문이 밀리고, 음료가 늦게 나오고, 기다리던 손님이 불만을 표현하는 상황입니다.

▷대처 방법

빠른 사과 + 정확한 대기 시간 안내 / 음료 준비 상태 공유 / 상황에 따른 사은 쿠폰, 작은 디저트 제공 등으로 진정.

"너무 오래 기다리게 해드려 정말 죄송합니다. 현재 먼저 주문하신 손님이 5팀 정도 남아 있어 약 10분 정도 더 소요될 것 같습니다. 최대한 빠르게 만들어 드리도록 하겠습니다. 죄송합니다."

"기다려 주셔서 정말 감사합니다. 죄송한 마음에 쿠키 서비스 같이 챙겨드렸어요. 맛있게 드세요. 감사합니다."

🍋 리뷰나 SNS 글 언급 관련 요청

▶상황 설명

"이거 인스타에 올려도 돼요?", "요즘 핫한 메뉴 뭐예요?" 등.

→ SNS와 연동된 커뮤니케이션이 많아지고 있습니다.

▷대처 방법

자연스럽고 유쾌하게 응대 / 잘 나온 사진 예시나 조명 위치 등 팁 제공 / 계정 태그 요청도 부드럽게 유도.

··실전 멘트 예시

"당연히 올려주시면 감사하죠! 저기 창가 쪽이 사진 잘 나오더라고요. 올리실 때 @cafe_view66 계정 태그해주시면 저희가 리그램도 해드릴게요!"

◌ 신입 바리스타 교육 시

▶ 상황 설명

신입 바리스타가 첫 실무에 들어왔을 때, 기존 팀원은 '가르치는 역할'을 맡게 됩니다. 그런데 바쁠 땐, 가르치면서 일하기가 쉽지 않지요.

▷ 대응 포인트

'먼저 보여주고, 같이 해보고, 나중에 혼자 하게 하기' / 작은 실수도 인내심 있게 피드백 / 모르는 걸 질문할 수 있게 만드는 분위기 조성.

⋯ 실전 멘트 예시

"처음엔 다 어렵죠! 오늘은 우유 스티밍만 완벽하게 잡아볼게요. 제가 먼저 한 번 보여줄게요. 그다음 같이 해보고, 그다음엔 혼자 한번 해 보세요!"

◌ 실수한 팀원이 위축돼 있을 때

▶ 상황 설명

주문 실수, 추출 실패 등으로 눈에 띄게 위축된 팀원이 보일 때가 있습니다. 특히 초보일수록 자책이 심해요.

▷ 대응 포인트

문제 해결보다 먼저 감정 위로 / 실패를 '학습 기회'로 전환 / 다음 기회 유도.

⋯ 실전 멘트 예시

"괜찮아요, 나도 똑같이 해봤어요. 이 실수 덕분에 다음번엔 훨씬 잘할 수 있을 거예요. 그럼 이번엔 제가 옆에서 같이 한 번 더 해볼게요."

🍃 교대 시간 전후 업무 인수인계

▶ 상황 설명

오픈 근무자 → 마감 근무자 간의 인수인계가 원활하지 않으면 불필요한 오해와 업무 누락이 생깁니다.

▷ 대응 포인트

꼭 메모 남기기(메뉴 소진, 장비 이상 등) / 인계할 땐 눈을 보고 짧게라도 설명 / "이따가 ○○ 확인만 한 번 부탁해요~"처럼 가볍고 부드럽게 전달.

‥ 실전 멘트 예시

"블렌드 원두가 오늘 좀 빨리 떨어질 것 같아요. 오후에 디게싱 바로 확인만 부탁드려요!"

🍃 서로 다른 커피 철학으로 의견 충돌

▶ 상황 설명

"이 추출 방식은 너무 묽어 보여요."

"아니요, 요즘은 이렇게 마시는 게 트렌드예요."

→ 바리스타들 사이에서 커피 스타일에 대한 의견 차이가 생길 수 있습니다.

'누가 옳다'보다 '다를 수 있다'를 인정하기 / 테이스팅이나 팀 회의 통해 기준 만들기 / 말투는 항상 존중과 공감 중심으로.

‥실전 멘트 예시

"그 방식도 충분히 설득력 있어 보여요. 우리 둘 다 각기 방식으로 추출해서 팀원들과 비교 테이스팅해 볼까요?"

🥐 장비 이상이나 원두 품질 문제 발생 시 팀 협의

▶ 상황 설명

"이거 그라인더 소리 이상하지 않아요?", "원두 향이 평소랑 다르게 탔어요."

→ 즉각적인 공유와 조치가 중요합니다.

▷ 대응 포인트

'내가 책임지기보단, 같이 해결하는 자세' / 보고-점검-기록 루틴 만들기 / 원두 교체 시 추출 프로파일 함께 조정.

‥실전 멘트 예시

"이거 그라인더 날 상태 확인해보셨나요? 혹시 모르니까 분쇄도도 한 번 확인해볼까요?"

🍋 장비 고장 또는 이상 징후

보일러가 너무 오래 데우거나, 그룹헤드 압력이 이상할 때 등 장비 문제는 바로 추출 품질에 영향을 줍니다.

이상 징후 감지 즉시 보고 / 임시 사용 중지 + 공지 / 다른 장비 대체 플랜 숙지.

"지금 2번 그룹헤드 압력이 흔들려서 일단 사용 멈췄고요, 1번으로만 추출 중이에요. 수리 기사님 오후에 오시기로 했습니다."

🍋 스티밍 중 넘침이나 폭발사고 예방

스팀피처를 과하게 채우거나, 기포가 급격히 생기면 우유가 넘치거나, 화상을 입을 위험도 있습니다.

항상 피처 2/3 이하만 우유 채우기 / 스팀 막대기 정중앙 고정 / 손잡이 아래로, 손등 가까이 두지 않기.

"스티밍할 땐 피처를 너무 채우지 마세요. 넘치는 순간 반사적으로 손이 먼저 델 수 있어요!"

🍋 유통기한 초과 재료 발견 시

▶상황 설명

우유, 시럽, 디저트 재고 중 유통기한이 하루 이상 초과된 것이 발견될 경우.

▷대응 포인트

즉시 폐기 → 폐기기록 작성 / 관리 책임자에게 공유 / 이후 점검 루틴 보완.

··실전 멘트 예시

"이 초콜릿 소스 오늘까지인데 보관 온도가 애매했어요. 오늘부로 폐기하고, 새 제품 개봉할게요. 폐기량은 노트에 바로 적어둘게요."

🍋 고객 앞에서 음료를 쏟거나 엎질렀을 때

▶상황 설명

"어…, 죄송합니다!"

→ 실수로 음료를 흘렸거나, 손님 옷에 튀었을 때는 당황하지 않고 빠르게 대처하는 것이 중요합니다.

▷대응 포인트

즉각 사과 / 세탁,보상 안내 / 새 음료 제공 + 사과 카드, 사은품 등 대응.

"정말 죄송합니다. 불편을 드려 너무 죄송해요. 옷에 묻으신 부분은 세탁 지원 도와드릴게요. 음료는 바로 새로 만들어드리고, 혹시 괜찮으시다면 따로 연락처 남겨주시면 매장 차원에서 다시 안내드리겠습니다."

🍋 위생 관련 컴플레인 발생 시

▶ 상황 설명

머리카락이 나왔다거나, 컵이 더럽다는 민원이 들어왔을 경우.
→ 민감하고 중요한 사안입니다.

▷ 대응 포인트

무조건 사과 / 해당 제품 회수 + 재제공 / 내부 위생 점검 재정비 / 본사 매장이라면 매뉴얼 따라 대응.

··실전 멘트 예시

"불편을 드려 정말 죄송합니다. 바로 새 제품으로 다시 준비해드릴게요. 해당 내용은 저희 매장 전체 위생 점검에 반영하겠습니다."

🍃 바리스타가 갖춰야 할 상황 대응의 태도

··실수를 인정하는 용기

→ "제가 놓쳤네요. 바로 수정하겠습니다."

→ 솔직함은 오히려 신뢰를 높여줍니다.

··고객의 말 뒤에 감정을 읽기

→ "커피 너무 셔요." = '익숙하지 않아 불편해요.'

→ '기분이 상했다'는 사실을 먼저 이해하고 응대해 주세요.

··정답보다 '최선의 태도'

→ 어떤 경우에도 변명보다는 책임 있는 응답이 중요합니다.

··대응보다 '피드백'이 더 중요함

→ 상황 정리 후 팀원과 리뷰하면 다음에 더 나은 응대를 할 수 있어요.

바리스타는 커피만이 아니라 매장 전체의 분위기, 손님의 감정, 팀의 호흡까지 함께 추출하는 직업입니다. '상황에 대한 따뜻한 감각'은 어쩌면 커피의 향미 감각보다 더 중요한 자산이 될 수 있습니다. 오늘 마신 커피의 맛만큼 오늘 주고받은 말의 온도도 기억하는 바리스타. 그런 바리스타가 되시기를 응원합니다.

고객과의 커뮤니케이션 팁

"좋은 커피는 바리스타의 손에서 완성되고, 좋은 기억은 바리스타의 말에서 시작됩니다."

바리스타에게 '말'이란 무엇인가요? 고객은 단지 커피 한 잔을 마시기 위해 매장을 방문하지 않습니다. 그들은 커피와 함께 '작은 경험'을 기대합니다. 그 경험은 커피 한 모금의 온도일 수도 있고, 매장에 흐르는 음악일 수도 있지만 가장 강하게 남는 건 '바리스타의 말'입니다.

"안녕하세요."

"오늘도 오셨네요."

"이거 어제 좋아하셨던 거 다시 준비해드릴까요?"

이런 짧은 말 한마디가 고객에게 주는 신뢰감은 그 어떤 고급 원두보다 진하고 오래 남습니다.

바리스타의 말은 짧아야 합니다(하지만 인상 깊어야 합니다).

커피를 내리는 동시에 손님과 대화해야 하는 바리스타에게 '말의 효율'은 무척 중요합니다. 너무 길면 바쁘고, 너무 짧으면 차갑고, 너무 무미건조하면 기억에 남지 않죠. 그래서 바리스타의 말은 간결하면서도 감정이 담겨 있고 상황에 맞아야 합니다.

·· 처음 오는 고객에게

말투: 부드럽고 환영하는 느낌.

목표: 메뉴에 대한 부담을 줄이고, 선택을 도와주는 것.

예시 멘트: "저희 매장 방문은 처음이신가요? 저희 매장은 산미 있는 커피와 고소한 커피 두 종류가 주력이에요. 혹시 커피 평소에 산뜻하게 드시는 편이세요? 조금 더 진한 걸 좋아하시나요?" '추천'보다 '질문'부터 시작하세요. 고객이 스스로 선택한 느낌을 받을 수 있게 됩니다.

·· 자주 오는 단골 고객에게

말투: 익숙하지만 예의 있게.

목표: '기억해드린다'는 따뜻함을 전달.

예시 멘트: "오늘도 아이스 아메리카노로 준비해드릴까요?", "지난번에 드셨던 라떼 괜찮으셨어요?"

고객의 기호를 기억하고 말로 꺼내주는 건 그 자체로 강력한 환대의 표현입니다.

·· 커피를 잘 모르는 고객에게

말투: 설명은 쉽게, 어휘는 일상적으로.

목표: 고객이 긴장하지 않게 하고, 커피를 친근하게 느끼게 만들기.

예시 멘트: "이건 조금 더 달콤한 커피예요. 초콜릿 좋아하시면 잘 맞으실 거예요.", "이건 산미가 좀 있는데, 레몬차 느낌도 나고 시원해요."

커핑 노트보다, 익숙한 음식·음료에 비유하는 게 훨씬 효과적입니다.

말투: 긍정적으로 듣되, 현실적인 조율.

목표: 고객의 요청을 최대한 존중하면서, 매장 시스템 안에서 해결하기.

예시 멘트: "오트밀크에 샷 하나, 시럽은 반샷 넣어서, 차갑게 준비해드리면 될까요?", "이 조합은 약간 연하게 느껴지실 수 있는데 괜찮으세요?"

고객의 요청을 정리해주는 말은 신뢰를 주고, 혹시 맛이 다르게 느껴져도 미리 설명해둔 덕분에 민원이 줄어듭니다.

바리스타의 '좋은 말 습관' 만들기

→ "매장에서 드시고 가시나요?", "기본 2샷 들어가고 있는데 샷추가 해드릴까요?"

→ 말끝을 살짝 올리는 것만으로도 부드러운 인상이 됩니다.

→ "제가 착각했네요. 바로 다시 준비해드릴게요."

→ 변명보다 빠른 인정이 훨씬 인상 좋습니다.

··**메뉴 추천은 2가지로 압축**

→ "이거 아니면 저거 추천드릴게요."

→ 선택지를 좁혀야 고객이 편안하게 결정합니다.

··**바쁜 시간에도 '짧은 인사'를 잊지 않기**

→ "감사합니다!", "좋은 하루 보내세요!"

→ 나가는 뒷모습을 기억해주는 것만으로도 큰 인상이 됩니다.

🍋 고객의 '기분'을 읽는 훈련

커피의 향미만큼이나 중요한 건 고객의 감정 변화를 읽을 수 있는 감각입니다.

"커피가 좀 신 것 같아요."

실제로 커피가 문제인 경우도 있지만, 오늘 기분이 예민하거나, 주변 상황이 불편했을 수도 있습니다. 이럴 때 바리스타는 말의 내용보단 '기분'에 공감하는 태도 / 맞서기보단, 들어주는 말이 훨씬 좋은 효과를 가져옵니다.

예시 멘트: "조금 시게 느껴지셨을 수도 있어요. 이 원두가 산미가 뚜렷한 편인데, 혹시 더 고소한 커피로 바꿔드릴까요?"

🍋 리뷰, SNS, 입소문을 고려한 소통

요즘 고객은 매장 경험을 온라인으로 공유합니다. 그 공유의 시작점은 메뉴나 인테리어가 아니라 '바리스타의 한마디'인 경우도 많습니다.

"친절해서 기억에 남았어요.", "커피 설명을 너무 잘해주셨어요."

→ 이건 맛보다 강력한 리뷰 포인트입니다.

예시 멘트: "사진 찍으셔도 괜찮아요. 여기 조명이 잘 나와요.", "이 메뉴는 요즘 SNS에서 인기예요. 라떼아트가 귀여워서요!", "혹시 리뷰 남겨주시면 저희가 감사 메시지도 보내드려요."

→ 말 한마디가 곧 'SNS 포인트'가 될 수 있어요.

🍋 커뮤니케이션을 위한 감정 관리

바리스타의 하루는 기계 앞에서 커피를 내리는 시간보다 사람 앞에서 '감정을 응대하는 시간'이 더 많을지도 모릅니다. 그래서 감정 소진이 심하고, 말실수가 생기기 쉽습니다. 나도 사람이고, 실수할 수 있다는 걸 인정하세요. 감정이 격해질 땐 심호흡, 짧은 브레이크, 팀원과의 교대도 중요합니다.

"조금만 도와줄 수 있어? 내가 잠깐 리셋이 필요해서…"

→ 이런 대화가 가능한 팀 문화도 소통의 일부입니다.

☕ 커피보다 오래 남는 건, 바리스타의 말

커피는 입안에 몇 분 남지만 말은 마음에 오래 남습니다.

"이 집은 커피도 맛있지만, 직원분들이 참 친절해서 좋더라."

이런 말은 고객이 다시 찾아오게 만드는 힘입니다. 그리고 그것이 우리가 커피를 만들면서 사람에게도 좋은 기억을 남기는 이유입니다.

말은 바리스타의 또 다른 손입니다. 고객을 맞이하고, 감정을 읽고, 커피를 설명하고, 팀과 협업하는 모든 순간에 '말'이 함께 합니다. 조금씩, 천천히, 내 말이 조금 더 따뜻해지고, 명확해지고, 유쾌해질 수 있도록 매일 훈련해 보세요. 좋은 커피에 따뜻한 말 한 스푼, 그게 진짜 스페셜티입니다.

클레임 응대와 문제 해결 전략

"커피를 바로잡는 건 기술이고, 마음을 바로잡는 건 태도입니다."

🍋 클레임은 '일'이 아니라 '관계'다.

클레임은 바리스타에게 있어 결코 드물지 않은 순간입니다. 때로는 작은 실수 하나로, 때로는 우리가 예측할 수 없는 오해로 인해 고객은 불편함을 느끼고, 그 불편은 어떤 방식으로든 표현됩니다. 많은 바리스타는 그 순간을 '일이 틀어진 순간'이라 생각합니다. 하지만 클레임은 단지 서비스가 실패한 순간이 아니라, '관계'가 잠시 흔들린 순간에 가깝습니다. 이 관계를 어떻게 회복하느냐에 따라 고객은 다시 오기도 하고, 더 크게 불만을 키우기도 합니다. 그러니 클레임은 반드시 '문제를 바로잡는 기술'과 '사람을 대하는 태도'가 함께 움직여야 합니다.

🍋 클레임이 발생하는 순간의 감정 흐름을 이해하자.

클레임은 보통 이렇게 전개됩니다.

· 고객의 불만이 감지된다(표정, 말투, 직접적 언급 등).

· 감정이 불편함 → 실망감 → 분노로 흐를 수 있다.

· 이때 바리스타가 보이는 첫 반응이 결정적이다.

가장 중요한 건 첫 10초의 응대 태도입니다. 여기서 상황은 크게 두 갈래로 나뉩니다.

· 감정을 '받아주는' 응대 → 상대는 다시 대화할 준비를 한다.

· 감정을 '부정하거나 방어하는' 응대 → 상대는 감정을 키운다.

"아, 저희는 원래 이렇게 나가요." 이 한마디가 불을 지필 수도, 꺼줄 수도 있어요. 클레임은 기술로 수습하는 것이 아니라, 먼저 공감으로 열고, 해결로 닫아야 합니다.

‥클레임 응대의 기본 5단계

1단계. '바로' 인정하고 사과하기

시간이 지체될수록 감정이 더 커지므로, 내용보다 '속도'가 중요합니다.

"불편을 드려 정말 죄송합니다. 바로 확인하겠습니다."

2단계. 말보다 먼저 '표정과 태도'로 반응하기

말투보다 먼저 '진심을 전달하는 자세'가 중요합니다.

두 손 모으기, 고개 끄덕이기, 눈 마주치기.

3단계. 구체적으로 '문제 상황'을 파악하기

그냥 "다시 해드릴게요"가 아니라 "어떤 부분이 불편하셨는지"를 정확히 짚어야 재발 방지 가능. "혹시 우유 온도가 너무 낮게 느껴지셨을까요?"

4단계. 고객이 원하는 해결 방식 제안하기

교환, 환불, 설명, 사과의 형태는 고객마다 다릅니다. "어떻게 도와드리면 좋을까요?"는 가장 좋은 문장입니다.

5단계. 후속 조치와 매장 내부 피드백 공유

재발 방지를 위한 내부 매뉴얼화. 그날의 상황을 기억하는 게 중요합니다.

🍋 클레임 유형별 대응 전략

‥맛에 대한 불만

"커피가 너무 써요.", "이거 신맛이 너무 강해요."

⇨ 먼저 고객 기호 파악 → 그에 맞는 다른 옵션 제안.

추출/원두 설명은 감정을 가라앉힌 다음에 "이 커피가 산미가 강조된 스타일이라, 익숙하지 않게 느껴지실 수 있어요. 혹시 고소한 블렌드로 바로 바꿔드릴까요?"

‥메뉴 실수

"제가 시킨 거랑 다르게 나왔어요.", "샷을 뺀다 했는데 들어갔네요."

⇨ 빠른 인정 → 새로 제조 → 간단한 보상(디저트, 쿠폰 등).

고객 앞에서 주문 확인 루틴 강화. "제가 확인을 놓쳤네요. 죄송합니다. 바로 다시 준비해드리고, 기다려주셔서 감사한 마음으로 작은 서비스도 준비하겠습니다."

·· 대기 시간 지연

"왜 이렇게 오래 걸려요?", "저보다 늦게 온 사람은 받았는데요?"

⇨ 상황 설명 + 사과 + 예상 소요시간 전달.

너무 늦어질 경우, 순서 조정 or 간단한 선제 보상.

"앞서 복잡한 주문들이 있어서 시간이 조금 지연됐어요. 기다려주셔서 감사하고, 곧 준비 도와드릴게요. 죄송한 마음에 작은 쿠키 하나 함께 드릴게요."

·· 위생/이물질 관련

"컵이 더러워요.", "음료에 이상한 게 있어요."

⇨ 즉시 사과 → 음료 회수 → 새로 제조.

고객 정보 요청 후 내부 기록 → 관리자 보고.

"이런 불편 드려 정말 죄송합니다. 바로 새 음료로 다시 준비하고, 내부 점검도 바로 시행하겠습니다."

·· 바리스타의 태도에 대한 불만

"말투가 기분 나쁘네요.", "불친절하게 느껴졌어요."

⇨ 즉시 사과 → 감정 방어 NO → 진심 어린 응답.

후속 응대는 매니저나 다른 바리스타가 이어받아도 좋음.

"제 말투나 표정이 불편하셨다면 정말 죄송합니다. 그런 의도는 전혀 아니었는데요, 말씀해주셔서 감사해요. 혹시 제가 바꿔드릴 수 있는 부분이 있다면 바로 도와드릴게요."

응대 이후 '회복'까지가 서비스다

클레임은 해결하는 순간 끝나는 게 아닙니다. 고객의 감정이 완전히 회복되는 '후속 행동'까지 포함되어야 그날의 경험이 다시 '좋은 기억'으로 전환될 수 있습니다.

··회복의 기술

감사 멘트 다시 건네기.

작은 사은품 제공(쿠폰, 디저트, 카드 등).

다음 방문 시 기억하고 먼저 언급하기.

"지난번에 불편드렸던 커피, 이번엔 산미 조금 줄인 블렌드로 준비해봤어요."

→ 이 한마디에 고객은 감동하고, 충성도가 생깁니다.

바리스타가 기억해야 할 마음가짐

· 클레임은 '내 잘못'이 아닐 수 있다.

→ 하지만 '내가 회복시킬 수 있는 기회'는 내게 있다.

· 정답보다 '태도'가 중요하다.

→ 기술보다 말투, 반응, 공감이 훨씬 오래 남는다.

커피 좀 아는 바리스타 되기

· 모두를 만족시킬 수는 없다.

→ 하지만 '모든 순간에 최선을 다한 사람'은 고객도 알아본다.

클레임은 누구도 피할 수 없습니다. 하지만 누구나 '더 나은 해결자'가 될 수 있습니다. 좋은 바리스타는 단지 훌륭한 에스프레소를 뽑는 사람이 아니라, 한 잔의 커피로 마음을 회복시키는 사람입니다. 당신의 말 한마디, 반응 하나, 진심이 담긴 미소는 불편했던 기억을 기분 좋은 인상으로 바꾸는 가장 강력한 '서비스의 향기'가 될 수 있습니다. 클레임을 두려워하지 마세요. 그건 고객이 아직 당신에게 기대하고 있다는 신호입니다.

위생 관리와 재고 관리 노하우

"좋은 커피는 깨끗한 공간에서 시작되고, 신뢰받는 매장은 꼼꼼한 정리에서 완성됩니다."

위생 관리의 본질: '깨끗함'이 아니라 '신뢰'

위생 관리는 단순히 청소를 잘하고, 도구를 반짝이게 만드는 문제가 아닙니다. 위생이란, 손님의 눈에 보이지 않는 순간에도 항상 '청결을 유지하는 습관'이 체화되어 있는가의 문제입니다. 한 잔의 커피가 맛있게 나와도, 컵에 얼룩이 있거나, 바리스타의 앞치마가 더럽거나, 매장 바닥에 끈적한 흔적이 있다면 고객의 '기대감'은 순식간에 꺼지게 됩니다. 즉, 위생은 '맛'의 완성도가 아니라 브랜드에 대한 신뢰의 기본값입니다.

위생 관리는 일상이 아니라 루틴이다

많은 매장에서 청소나 정리는 '시간이 날 때 하는 일'로 인식되기 쉽습니다. 하지만 위생 관리란 일과 중간중간 짬내서 처리하는 일이 아니라, 반드시 정해진 루틴 속에서 꾸준히 반복돼야 하는 일입니다.

일정한 시간대 / 담당자 분배 / 구역별 체크리스트

→ 이 세 가지가 없으면 결국 위생은 기억에 맡겨진 일이 되고, 그 기억은 바쁜 순간 쉽게 밀려나게 됩니다.

🍋 바리스타의 하루 위생 루틴 예시

⋯오픈 전 ☼

손 세정 및 개인 위생 점검(손톱, 앞치마, 머리카락 묶음 등).

머신 외부 및 그룹헤드 청소.

냉장고 온도 확인 및 내부 정리.

물통, 아이스통, 툴 정리.

포스기, 메뉴 보드, 계산대 알콜 소독.

에스프레소 머신 프리히팅 + 청소 사이클 돌리기.

⋯중간 점검(오전/오후 2회) ⏰

드립 도구 세척 상태 점검.

핸드밀/그라인더 날 먼지 제거.

바닥 및 작업대 청결 확인.

밀크피처 세척 여부 확인.

아이스통 교체 및 물 제거.

화장실, 출입문 손잡이 등 소독.

포터필터 및 바스켓 세척.

드립포트, 서버, 카라페 완전 세척.

스팀 노즐 분해 청소.

테이블/의자 바닥 청소.

냉장고 유통기한 및 재고 체크.

폐기물 분리 수거.

퇴근 전 바 전체 소등 + 점검 리스트 작성.

🍋 자주 놓치기 쉬운 위생 포인트

위생이 무너지기 쉬운 지점은 대부분 '시선 밖'에 있습니다.

구역	체크 포인트
스팀노즐	하루 2회 이상 분해 청소, 우유 굳은 자국 제거 필수
포터필터	바스켓과 핸들 사이 틈새 오일 찌꺼기
냉장고 내부	찌든 자국, 유통기한 경과 제품, 물 고임
드립스테이션	커피 찌꺼기 고여있는 물기, 드립 서버 바닥 얼룩
제빙기	얼음통 벽면 곰팡이 가능성, 수분 제거 필수
바닥 배수구	냄새 유발, 끈적한 물기 축적지

이 포인트들을 매일 혹은 2일에 한 번씩 돌아가며 점검하는 시스템이 필요합니다.

특히 '눈에 띄지 않는' 구역일수록 더욱 자주 관리되어야 합니다.

🍋 위생 사고가 발생했을 때의 대응

매장에서 머리카락, 이물질, 얼룩, 컵 얼룩 등의 사고는 완전히 피할 수 없지만, 대응 방식에 따라 충성 고객이 될 수도, 리뷰로 악화될 수도 있습니다.

빠른 사과 → 해당 제품 회수 → 새 제품 재제공.

매장 매니저 또는 책임자 명의의 응답 제공.

위생 점검 루틴에 즉시 반영.

"불편을 드려 정말 죄송합니다. 괜찮으시면 새로 준비해드려도 괜찮을까요? 앉아계신 자리 말씀해 주시면 자리로 가져다 드리겠습니다. 이후 해당 내용은 저희 매장 전체 위생 점검 루틴에 반영해서 앞으로 다시는 이런 일 없도록 하겠습니다."

→ 이런 말은 실제 시스템이 있어야 진정성이 전달됩니다.

🍋 재고 관리는 숫자보다 '타이밍'이다

재고란 단순히 '몇 개가 남아 있는가'가 아니라 '언제 필요한 걸, 얼마나 여유 있게 준비할 것인가'의 문제입니다. 매장 운영에서 재고 실수는 두 가지로 나뉩니다.

과잉 재고 → 폐기, 비용 낭비.

재고 부족 → 품절, 매출 손실, 신뢰 저하.

이 중 더 위험한 것은 두 번째입니다. 왜냐하면 고객은 "없다"는 말 한 번에 "여긴 늘 품절이야"라는 인식을 갖게 되기 때문입니다.

🍋 재고 파악의 루틴 만들기

구분	내용
일간 체크	유통기한 임박 제품, 우유/디저트류 등 신선재
주간 체크	소스, 시럽, 포장재, 컵, 냅킨류
월간 체크	원두, 소모품, 장비 소모품 (워터필터 등)

· 매일 퇴근 전 재고 시트에 수기 기록 or 태블릿 입력.

· 발주 담당자 따로 지정하여 체크 기준 유지.

· 예상 매출 흐름 기반 '적정 재고 수량' 계산 공식 정립.

🍋 발주 타이밍은 '정확한 예측'보다 '예측 가능한 리듬'이다

재고를 잘 관리하는 매장의 특징은 무언가가 떨어지기 직전에 아슬아슬하게 발주하지 않는다는 점입니다. 바리스타나 매니저가 "이거 떨어졌어요"

    커피 좀 아는 바리스타 되기

라고 보고해야만 그제야 발주가 들어가는 방식은 결국 공급 지연, 품절, 매출 손실로 이어지게 됩니다. 그렇다면 어떻게 해야 할까요? 바로 매출 흐름을 기준으로 한 발주 리듬을 만드는 것입니다.

‥발주 타이밍을 만드는 3가지 기준

① 지난주 동요일 매출 대비 예상 소진량.

② 시즌별 소비 패턴(여름: 얼음/우유, 겨울: 시럽/핫 음료 컵).

③ 입고까지 걸리는 시간(예: 물류사: 2일 소요 → 이틀 전 발주).

이 기준을 기반으로 다음과 같은 고정 루틴을 짜두면 '발주 놓침'이 거의 사라집니다.

매주 월요일: 디저트/유제품.

매주 수요일: 소스, 시럽, 포장재.

매월 1일: 원두, 장비 소모품.

발주는 단순히 채워넣는 게 아니라 앞으로 '나갈 양을 준비하는 전략적 판단'입니다.

🍋 유통기한 관리의 핵심은 '눈에 잘 보이게'이다

식음료 매장에서 유통기한 사고는 '몰라서'가 아니라 '못 봐서' 발생하는 경우가 대부분입니다. 특히 우유, 생크림, 디저트류, 잼, 시럽 등 한두 숟갈 남은 제품은 뒤칸으로 밀려 쉽게 방치되죠. 그렇기에 중요한 건 단 하나, 유통기한을 최대한 '가시화'하는 것입니다.

① 보관 용기 외부에 큼직하게 마스킹 테이프 부착

→ "개봉일 / 유통기한 / 담당자" 3가지 기입.

→ 예: 4.3 오픈 / 4.8 폐기 / 원지예 과장.

② '선입선출' 기준 철저 적용

→ 새로 들어온 재고는 뒤칸으로.

→ 개봉 순서대로 앞으로 진열.

③ 마감시간 '폐기/정리 시간' 따로 확보

→ 우유, 시럽류는 마감 전 유통기한 확인 후 폐기 기록 남기기.

→ 예: "4/3 마감 -오트밀크 1팩 폐기(정하영 팀장)"

④ 하루 한 번, 유통기한 도는 냉장고 청소 습관화

→ "유통기한 = 청소 타이밍"으로 세팅.

🍋 팀과 함께 공유하는 재고 시스템

매장의 위생이나 재고 관리가 한두 사람에게만 의존될 때, 문제는 반드시 발생합니다.

→ 발주 담당자가 휴무면 누락.

→ 신입이 소스 다 쓴 줄 모르고 서빙.

→ 청소나 폐기 기록이 빠져 내부 알림도 사라짐.

그렇기 때문에 가장 중요한 건 '공유 가능한 시스템'을 만드는 것입니다.

① 가시성 -모두가 볼 수 있는 위치에 재고표 부착.

② 협업 가능성 -누구든지 체크/기입할 수 있도록 구조 단순화.

③ 루틴화 -일정 시간대 반복 실행, 체크리스트로 시각화.

손으로 쓸 수 있는 수기 시스템도 충분히 효과적이며, 네이버 웍스 등 디지털 도구를 접목시키면 더 효율적입니다.

🍋 위생/재고 관리가 가져오는 팀워크 효과

놀랍게도, 위생과 재고 관리는 단지 '깨끗하고 잘 정리된 매장'을 만드는 것에서 끝나지 않습니다. 팀워크의 신뢰 / 직원 간 커뮤니케이션 / 실수 예방 /일의 흐름 간소화. 이 모든 것들이 바로 위생/재고 관리에서 출발합니다.

·· 눈에 보이지 않는 신뢰가 쌓이는 순간들

신입 바리스타가 냉장고 문을 열었는데, 정리되어 있어 찾기 쉬웠을 때.

매장 바쁠 때 누가 어떤 소스를 쓸지 바로 알 수 있었을 때.

유통기한 앞당긴 제품이 사라져도 폐기 기록으로 경로 파악이 되었을 때.

누가, 언제 청소했는지 명확한 체크리스트가 있었을 때.

이런 순간이 자주 반복되면 자연스럽게 "이 매장은 신뢰할 수 있다"는 내부 정서가 만들어집니다. 그 신뢰는 손님을 향한 응대에도 그대로 전달되죠.

🍃 고객이 느끼는 위생의 기준

고객은 위생을 '기준표'로 보지 않습니다. 그들은 직관으로 느낍니다. 바리스타의 앞치마가 깨끗한가. 머리를 묶고 있는가. 음료를 만들 때 손잡이를 잘 잡고 있는가. 테이블에 얼룩이 없는가. 컵이 반짝이는가. 이 모든 판단이 단 10초 안에 이루어지고, 그 인상은 커피의 향보다 오래 남습니다.

🍃 위생과 재고, 바리스타의 기본기를 말하다.

멋진 라떼아트를 그리기 위해, 수많은 테크닉을 배우고 머신을 다루는 연습을 반복합니다. 하지만 그보다 먼저, 그리고 더 꾸준히 훈련해야 하는 건 바로 '깨끗함과 정돈됨'입니다. 위생과 재고 관리는 바리스타의 정리된 사고방식에서 출발합니다. 그 정리된 태도는 결국 '맛의 정교함'으로 이어지고, 다시 고객과 팀에게 '신뢰의 향기'로 전달됩니다. 멋진 기술은 눈에 보이지만, 단단한 기본기는 오래 기억됩니다. 당신이 커피를 대할 때, 눈에 보이지 않는 곳까지 챙길 줄 안다면 그 순간 이미 '진짜 프로 바리스타'입니다.

일하는 동선과 효율적인 셋업

"손이 덜 가는 커피, 더 집중할 수 있는 공간을 만드는 일입니다."

왜 동선과 셋업이 중요한가요?

바리스타가 하루 종일 매장에서 가장 많이 하는 일은 무엇일까요? 커피를 추출하고, 우유를 스티밍하고, 잔을 세팅하고, 고객님과 인사를 나누는 일들…. 하지만 이 모든 행동의 바탕에는 늘 '움직임'이 함께합니다. 우리가 움직이는 방식, 동료와의 위치 관계, 도구가 놓인 위치, 이 모든 것이 매장의 흐름을 좌우합니다. 바로 그 '흐름'을 정리하는 일이 바로 '동선 설계'와 '효율적인 셋업'입니다. 커피를 잘 뽑는 기술도 중요하지만, 그 기술을 안정적으로 유지하기 위해선 바리스타의 몸이 편안하고, 작업 흐름이 매끄러워야 합니다. 이 장에서는 실제 매장에서 동선을 어떻게 구성하면 좋은지, 어떤 방식으로 장비와 도구를 배치해야 효율적이고 덜 지치면서도 정확한 서비스가 가능한지, 그 구체적인 노하우를 함께 살펴보겠습니다.

🍋 동선은 '작은 움직임'의 합입니다

하루에 커피를 50잔 이상 내리는 매장이라면 한 명의 바리스타가 포터필터를 수십 번 끼웠다 뺐다 하게 됩니다. 스팀피처는 몇 번 들고 놓을까요? 드립 서버를 씻고, 컵을 정리하고, 냅킨을 채우는 손동작까지 포함하면 바리스타의 하루는 사실 '수천 번의 반복된 손동작'으로 이루어져 있습니다. 그러니 이 반복되는 동작이 조금이라도 더 편해지고 짧아진다면 한 잔한 잔을 만드는 데 들이는 체력과 집중력이 크게 절약됩니다. 그것이 바로 '효율적인 동선'이 가져다주는 힘입니다.

🍋 좋은 동선이란 어떤 걸까요?

좋은 동선에는 몇 가지 공통적인 특징이 있습니다.

첫째, 손이 겹치지 않습니다. 한 명이 도징하고 있는데, 다른 사람이 브루잉 도구를 꺼내기 위해 그 뒤를 지나가야 한다면 작업이 자꾸 끊기게 됩니다. 작업자가 서로 서로의 흐름을 방해하지 않도록 분리된 동선이 가장 중요합니다.

둘째, 순서대로 움직일 수 있어야 합니다. 에스프레소를 만들기 위해선 ① 원두를 갈고 → ② 도징하고 → ③ 탬핑하고 → ④ 머신에 장착하고 → ⑤ 추출합니다. 이 과정을 반대로 움직이게 되면 손이 꼬이고 실수가 잦아지겠지요. 그래서 '작업 순서대로' 장비가 배치되어 있는 구조가 중요합니다.

셋째, 한 자리에 오래 머물 수 있습니다. 좋은 동선은 한 자리에 서서 몸을 돌리는 동작만으로 다양한 작업이 가능한 구조를 갖추고 있습니다. 무릎을 꿇거나, 위쪽 선반을 손을 뻗어야만 닿을 경우는 비효율적입니다.

🍋 좁은 매장에서의 셋업 팁

카페가 넓다면 공간 배치가 수월하지만, 작은 매장이라면 그만큼 '밀도 있게 정리된 셋업'이 필요합니다. 특히 좁은 공간에서는 다음 팁들이 큰 도움이 됩니다.

우유, 시럽, 소스류는 종류가 많아지기 쉬우니 '하루 판매 기준'만 바에 올려놓고, 나머지는 보관 공간에 정리해두세요. 컵은 종류별로 '라벨링'하거나, 선반 색상 구분을 통해 신입 바리스타도 직관적으로 찾을 수 있게 배치하세요. 2인 이상이 겹칠 경우, '서빙 담당'과 '제조 담당'의 이동 동선을 구분해 서로가 겹치지 않도록 통로를 정리하세요.

🍋 팀워크를 살리는 셋업의 힘

효율적인 셋업은 단지 혼자 일할 때만 중요한 게 아닙니다. 두 명, 세 명의 바리스타가 동시에 커피를 만들고 손님 응대를 해야 할 때야말로 그 구조의 힘이 진가를 발휘합니다. 예를 들어, 한 사람이 브루잉을 하고 있을 때 다른 한 명이 스티밍을 하면서 추출을 하고, 세 번째가 서빙을 준비하는 과정이 '겹치지 않고 자연스럽게 이어질 수 있는가'가 핵심입니다. 이 흐름을 잘 잡아주는 구조가 있으면 말을 많이 하지 않아도, 눈빛만으로도 서로 어떤 일을 하고 있는지 이해할 수 있게 됩니다. 바리스타의 팀워크는 결국 공간에 의해 강화됩니다.

🍋 고객 응대와 작업 동선의 분리

고객이 주문을 하고 커피를 받기 위해 기다리는 공간은 되도록 작업 동선에서 '떨어진 위치'에 있는 것이 바람직합니다. 작업 동선과 겹칠 경우 손님이 서 있는 곳을 스팀피처나 컵을 들고 자꾸 지나가야 하고 손님이 커피를 설명 듣는 동안 뒤에서 바쁘게 움직이면 집중도가 떨어지고, '어수선하다'는 인상을 남기기 쉽습니다. 작업은 작업대로, 응대는 응대대로 정리된 흐름이 고객에게도 편안함과 신뢰를 줍니다.

🍋 셋업을 점검하는 습관

효율적인 셋업은 단번에 완성되지 않습니다. 매일매일 사용하는 사람들이 "이건 불편해요", "이건 여기 있는 게 더 좋겠어요"라는 피드백을 통해 서서히 '맞춤형'으로 발전하게 됩니다. 그래서 다음과 같은 주간 점검 질문을 팀원끼리 함께 나눠보면 좋습니다.

"오늘 커피 내리면서 가장 불편했던 건 뭐였나요?"

“다음 주에는 어떤 위치를 바꿔보면 좋을까요?”

“작업대 정리가 쉬웠나요? 물건 찾는 데 시간 걸리진 않았나요?”

이 작은 질문들이 매장 전체의 흐름을 조금씩, 하지만 확실하게 바꾸어줍니다.

🫗 셋업은 바리스타의 태도를 보여줍니다.

마지막으로 꼭 말씀드리고 싶은 것은, 셋업은 그 공간을 쓰는 사람의 태도를 보여준다는 점입니다. 도구가 가지런히 놓여 있고, 컵이 바르게 정렬되어 있으며, 물 한 방울 없이 깨끗하게 정돈된 작업대는 커피를 받는 손님에게도, 함께 일하는 동료에게도 “이 사람은 이 일을 정성껏 하고 있구나”라는 신뢰를 줍니다. 좋은 커피를 만들기 위한 마음은 맛뿐 아니라 ‘공간의 흐름’에서도 드러납니다.

오늘도 커피를 준비하실 때, 그 커피가 지나가는 동선과 머무는 자리를 한 번 더 점검해 보세요. 그 섬세한 정리가 결국 하루의 마감을 훨씬 가볍고 뿌듯하게 만들어줄 것입니다.

미래의 바리스타에게 전하고 싶은 말

"한 잔의 커피를 만드는 당신의 하루가, 누군가의 기억이 됩니다."

어떤 길은 처음부터 선명하지 않습니다. 마치 이 길이 정말 나에게 맞는 걸까, 내가 잘할 수 있는 일일까, 매일 조금씩 흔들리는 마음을 안고도 조심스럽게 그 길 위에 발을 내딛습니다. 바리스타라는 길도 그렇습니다. 커피를 좋아해서 시작했지만, 막상 시작하고 나면 그 안에 참 많은 것들이 숨어 있다는 걸 알게 되지요. 향미의 복잡함, 수많은 추출 방식, 기술적인 숙련도, 그리고 그 무엇보다 중요한 건 매일 마주하게 되는 사람들과의 '순간들'입니다.

미래의 바리스타님!

당신이 이 책을 펼쳐 읽고 있다면, 이미 그 길을 걷기 시작하신 분일지도 모르겠습니다. '처음'이라는 단어 앞에 서 계신 당신께. 처음 샷을 뽑았을 때를 기억하시나요? 포터필터를 머신에 장착하는 손이 어색했고, 스팀피처를 손에 들고 있을 때 우유가 어디까지 올라와야 하는지조차 헷갈렸을지도 모릅니다. 모든 것이 낯설고, 손은 따라주지 않고, '이렇게 해도 되나?' 싶은 생각이 하루에도 몇 번씩 들었을 거예요. 하지만 그 '처음'은 누구나 겪는 과정이고, 사실은 가장 소중한 순간입니다. 당신이 커피를 '어떻게' 만

 커피 좀 아는 바리스타 되기

드는지보다 그 안에서 '얼마나 고민했는지'가 당신을 성장시키는 진짜 자산이 됩니다.

기억해주세요.

모든 바리스타는 서툴렀던 시절이 있었고, 그 시절을 진심으로 지나온 사람만이 결국 손끝에 자신만의 온도를 담을 수 있게 된다는 것을요. 당신이 만드는 커피는, 누군가의 하루입니다. 바리스타는 단순히 커피를 내리는 직업이 아닙니다. 하루를 시작하는 한 잔, 친구와의 대화를 위한 한 잔, 마음을 달래기 위해 찾아온 따뜻한 한 잔…

그 커피는 단순한 음료가 아니라, 누군가의 감정과 기억 속에 담기는 '순간'입니다. 그 순간을 당신이 만들고 있다는 사실을 결코 가볍게 여기지 않으셨으면 합니다. 당신이 내린 라떼를 마시고 웃으며 고개를 끄덕인 손님, 그들은 당신의 기술보다 당신의 마음을 기억하고 갔을지도 모릅니다.

실패의 시간도, 커피가 가르쳐주는 시간입니다. 혹시 오늘도 실수를 하셨나요? 샷이 너무 빨리 나오거나, 우유 거품이 거칠게 올라와 버리거나, 손님의 클레임에 말문이 막혀 아무 말도 못 하셨을 수도 있겠지요. 그런 날이 있습니다. 그리고 그런 날이 반복될 때면, '나랑 이 일이 안 맞는 것 아닐까?' '언제쯤 나도 능숙해질까?'라는 생각이 들기도 합니다. 하지만 바리스타의 실수는 단지 잘못이 아니라, '몸이 배워가는 과정'입니다. 잘못된 탬핑이 손목의 각도를 바꾸고, 잘못된 추출이 분쇄도를 조정하게 하고, 거친 고객 응대가 당신을 조금 더 단단하게 만들어줍니다. 실수는 당신이 바리스타가 되어가는 증거입니다. 그러니 너무 스스로를 나무라지 마세요. 커피도, 사람도. 함께 배워가는 일입니다.

　매장에서 일하다 보면 커피보다 어려운 게 '사람'일 때가 많습니다. 말이 짧은 손님, 정확한 기준 없이 불만을 표현하는 손님, 때론 기분이 좋지 않아 보이는 동료까지. 이 일을 하다 보면 커피를 잘 만드는 것보다 '사람을 잘 마주하는 일'이 얼마나 중요한지를 매일 깨닫게 됩니다. 그리고 그 감정의 밀도 속에서 우리는 바리스타로서도, 한 사람으로서도 조금씩 자라게 됩니다.

　커피는 당신을 고요하게 만들고, 사람은 당신을 단단하게 만들어줍니다. 둘 다 함께하는 지금 이 순간들이 결국 당신 안에 쌓이고 있는 경험이 될 거예요. 당신은 지금 잘하고 계십니다. 커피 한 잔을 내리기까지 얼마나 많은 생각과 손의 움직임이 필요한지를 이 일을 해본 사람만이 알 수 있습니다.

　그 모든 과정에서 한 잔이라도 더 맛있게, 한 손님이라도 더 따뜻하게 응대하고 싶은 마음이 있다면 당신은 이미 바리스타로서 정말 소중한 기본기를 갖추고 계신 겁니다. 경력이 많든 적든, 기술이 뛰어나든 아직 배우는 중이든, 진심이 있다면 그 커피는 결국 누군가의 마음에 도착합니다.

마무리하며

당신의 커피가 누군가의 기억이 되기를….

어쩌면 이 책의 마지막 페이지를 덮는 지금 당신은 조금은 지쳐 있을지도 모릅니다. 하지만 이 길 위에 서 있는 것만으로도 당신은 이미 충분히 빛나는 분입니다. 앞으로 어떤 길을 걸어가시든 지금 이 마음, 이 다짐, 이 따뜻한 손끝을 잊지 않으셨으면 합니다. 당신의 커피가 누군가에게는 위로가 되고, 당신의 존재가 누군가에게는 기억이 되기를 바랍니다.

이 글을 읽고 계신 당신께, 조용하지만 진심 어린 응원의 마음을 전합니다.

오늘도, 내일도, 당신의 커피가 누군가의 하루를 따뜻하게 해줄 수 있기를. 그리고 그 마음이 당신 자신에게도 오래도록 머무를 수 있기를 바랍니다.

- 조금 먼저 커피를 시작한 바리스타가 드립니다.

"글을 쓰며 커피를 배웠고, 사람을 담으며 더 깊이 커피를 사랑하게 되었습니다."

이 책을 쓰기 시작한 건, 어느 겨울이었습니다.
마감 시간 직전까지도 샷을 다시 뽑아보고, 물 온도를 1도씩 바꿔보며 '왜 이 커피는 이 맛이 나는 걸까'를 끝없이 질문하던 시절이었습니다.

그 질문의 끝에는 늘 한 가지 마음이 있었습니다.
'이걸 누군가에게 설명해주고 싶다.'
'나처럼 처음 커피를 배우는 사람에게, 더 쉽게 전하고 싶다.'
그 마음 하나로, 지난 5년이라는 시간을 천천히 걸어왔습니다. 생두의 상태부터 브루잉 도구의 특성, 커핑의 흐름, 고객 응대의 언어, 그리고 팀워크까지…

　한 잔의 커피가 만들어지는 수많은 과정을 글로 풀어내는 일은 생각보다 훨씬 더 느리고, 깊고, 어려운 일이었습니다. 하지만 그만큼 저 스스로가 더 많이 배우고, 더 많이 느낄 수 있었던 시간이었습니다.

　이 책은 단지 저 혼자의 결과물이 아닙니다. 무엇보다 『커피 좀 아는 바리스타 되기』의 첫 문장부터 마지막 점까지 가장 든든한 믿음과 응원을 보내주신 뷰66(주)의 정신적 지주, 임석재 회장님께 가장 깊은 감사의 마음을 올립니다. 그 믿음 덕분에 어떤 페이지도 쉽게 쓰지 않았고, 어떤 개념도 가볍게 설명하지 않으려 애쓸 수 있었습니다. 그 시간 속에서 저는 글을 쓰는 바리스타이기 이전에, '커피를 전하고 싶은 사람'으로서 조금 더 자라날 수 있었습니다.

　또한 이 길을 함께 걸어준 정하영 팀장님, 그리고 원지예 과장님에게 진심으로 고맙다는 말씀을 전하고 싶습니다. 수없이 많은 교정과 회의, 매뉴얼 정리와 현장 반영 자료들을 정리하면서도 단 한 번도 지친 내색 없이 애정 어린 시선으로 이 책을 함께 다듬어주셨습니다. 두 분 덕분에 이 책은 훨씬 더 실용적이고 따뜻해졌습니다.

단순한 커피 기술서가 아니라, '현장에서 바로 도움이 되는 책', 그리고 '바리스타의 마음에 남는 책'이 될 수 있었다고 믿습니다. 이 자리를 빌려, 다시 한 번 깊이 감사드립니다.

이 책은 이제 제 손을 떠나, 지금 이 글을 읽고 계신 독자님의 손에 놓이게 됩니다.

어쩌면, 하루하루 힘겹게 에스프레소를 맞추며 속상해하는 바리스타일 수도 있고, 커피를 이제 막 배우는 예비 창업자일 수도 있고 그저 커피가 좋아서 천천히 알아가고 싶은 분일 수도 있겠지요.

그 어떤 분이든, 이 책이 손끝에서 펼쳐지는 순간만큼은 '커피를 사랑하는 한 사람'으로 만나게 된 것 같아 저는 무척 설레고, 또 감사한 마음입니다. 책을 쓰는 동안 저는 수없이 커피를 마셨습니다. 쓴맛이 강한 날에는 마음이 흔들렸고, 산미가 밝은 날에는 다시 용기를 얻었습니다. 달콤한 커피를 마신 날에는 그냥 아무 이유 없이, 이 길을 택한 게 다행이라는 생각이 들었습니다.

커피는 늘 그랬습니다. 복잡한 마음을 단순하게 해주고, 복잡한 맛 속에서 삶의 균형을 찾아주었습니다. 『커피 좀 아는 바리스타 되기』가 누군가에게 그런 커피 한 잔 같은 책이 되었으면 좋겠습니다. 어떤 날엔 위로가 되고, 어떤 날엔 가이드가 되어주는, 오래 곁에 두고 꺼내볼 수 있는 책이기를 소망합니다.

이 글을 마지막까지 읽어주신 모든 분께 커피 향처럼 은은하고 따뜻한 감사의 마음을 전합니다.

오늘도, 그리고 내일도 당신의 커피 여정이 의미 있고 향기롭기를 진심으로 응원합니다.

2025년 초여름, 바리스타의 마음으로 글을 쓴 이가.
따뜻한 한 잔과 함께.

참고문헌 및 출처

1. 전문 서적

Specialty Coffee Association. (2020). The Coffee Taster's Flavor Wheel. SCA Publishing.

James Hoffmann. (2018). The World Atlas of Coffee (2nd ed.). Octopus Publishing.

Scott Rao. (2014). The Professional Barista's Handbook. Scott Rao Publishing.

Scott Rao. (2010). Everything but Espresso. Rao Publishing.

Jonathan Gagné. (2021). The Physics of Filter Coffee. Linear Books.

Tristan Stephenson. (2015). The Curious Barista's Guide to Coffee. Ryland Peters & Small.

박근하. (2020). 『커피학 개론』. 백산출판사.

안재혁. (2021). 『바리스타 커피학』. 지식인.

김영환 외. (2019). 『커피브루잉의 과학』. 리북.

김상헌. (2020). 『커피 테이스팅 노트』. 제이펍.

2. 커피 협회 및 공식 자료

Specialty Coffee Association(SCA): www.sca.coffee

Coffee Skills Program Curriculum

SCA Green Coffee Grading Protocols

SCA Cupping Protocols & Scoresheet

CQI(Coffee Quality Institute): www.coffeeinstitute.org

Q Grader Standards & Guidelines

ICO(International Coffee Organization): www.ico.org

Coffee Market Reports

커피 좀 아는 바리스타 되기

3. 국내 및 해외 산업/시장 보고서

한국농수산식품유통공사(aT). (2022). 『커피 산업 정보분석 보고서』.

Euromonitor International. (2021-2023). Global Coffee Trends & Market Forecasts.

Mintel Reports. (2023). Coffee Consumer Behavior Insights.

KCA(한국커피산업진흥연구소). (2021). 『대한민국 커피시장 현황과 전망』.

농림축산식품부. (2023). 『국내외 커피 유통 구조 보고서』.

4. 논문 및 학술자료

Lee, Y. J. (2019). "A Study on the Sensory Characteristics of Coffee by Roasting Degree." Korean Journal of Food Science and Technology, 51(4), 442-449.

Kim, S. H. & Choi, M. J. (2020). "The Effects of Coffee Extraction Temperature on Flavor Compounds." Journal of the Korea Society of Food Science, 36(2), 231-238.

Lee, S. H. (2022). "Consumer Perception on Specialty Coffee: From Cup to Culture." Journal of Hospitality and Culinary Research, 29(1), 121-135.

5. 커피 관련 기사 및 콘텐츠 플랫폼

Sprudge: www.sprudge.com

Perfect Daily Grind: www.perfectdailygrind.com

Daily Coffee News by Roast Magazine: www.dailycoffeenews.com

Barista Hustle: www.baristahustle.com

블랙워터이슈: www.bwissue.com

커피투데이: www.coffeetoday.co.kr

<커피프렌즈> / <바리스타로 살아남기> 외 카페 관련 다큐멘터리 및 웹콘텐츠

6. 현장 경험 기반 자료

뷰66(주) 내 매장 운영 매뉴얼(2022-2024)

바리스타 교육 시뮬레이션 자료(뷰66 미호본점, 양주점 실무 기준)

내부 직원 인터뷰 및 커피 테이스팅 실측 기록

매장별 추출 레시피, 장비 세팅 기록 문서